# 小麦集排精量播种技术研究

◎位国建 焦伟 著

**图书在版编目(CIP)数据**

小麦集排精量播种技术研究 / 位国建，焦伟著 . 北京：中国农业科学技术出版社，2025. 6. --ISBN 978-7-5116-7442-5

Ⅰ. S512. 1

中国国家版本馆 CIP 数据核字第 2025E82N17 号

**责任编辑** 姚　欢
**责任校对** 王　彦
**责任印制** 姜义伟　王思文

**出 版 者** 中国农业科学技术出版社
北京市中关村南大街 12 号　　邮编：100081
**电　　话** （010）82106638（编辑室）　（010）82106624（发行部）
（010）82109709（读者服务部）
**网　　址** https://castp.caas.cn
**经 销 者** 各地新华书店
**印 刷 者** 北京建宏印刷有限公司
**开　　本** 170 mm×240 mm　1/16
**印　　张** 6. 625
**字　　数** 120 千字
**版　　次** 2025 年 6 月第 1 版　2025 年 6 月第 1 次印刷
**定　　价** 58. 00 元

# 《小麦集排精量播种技术研究》

## 著者名单


**位国建**　（山东省农业机械科学研究院）

**焦　伟**　（山东省农业科学院）

# 前　言

小麦是我国重要的粮食作物，既是商品粮，也是战略储备粮。作为主粮品种，小麦生产直接关系到国家粮食安全、农民增收致富以及农业高质量发展。当前我国小麦播种主要采用密集条播方式，但存在用种量偏大、落种均匀性差等问题。随着土地适度规模经营的推进，小麦播种装备正从传统机械式向大型化、智能化的气力集排式方向转型升级。

气力集排式播种机具有自主性强、机动性高、作业效率高、便于调整等技术优势，在保护性农业中具有重要应用前景。小麦宽幅精量匀播是将传统密集条播改进为宽幅精播的高产高效栽培技术，通过优化种子空间分布，改善麦田群体结构，具有节种、节水、节肥和增产等优势。与传统密集条播相比，该技术可降低播种量 25%的同时提高产量 10%，兼具显著的生态效益和经济效益。因此，提升播种装备在高速作业条件下的高精度播种能力，对促进小麦产业提质增效具有重要意义。

本书通过对气力集排精量播种系统及关键部件的研究，阐述了其结构原理，建立运动学模型进行关键参数设计，并采用计算机仿真与试验验证相结合的方法，优化了结构尺寸和工作参数，提高了播种质量，为均匀排种装置设计提供参考，对小麦生产具有指导意义。

由于编写时间仓促，作者水平有限，书中难免存在疏漏之处，恳请读者批评指正。

**作者**

**2025 年 1 月 1 日**

# 目　　录

# 第1章 绪论

## 1.1 研究背景及意义

小麦是我国三大粮食作物之一，种植范围广，同时我国还是全球最大的小麦生产国和消费国。根据国家统计局发布的农业数据，2024年我国小麦种植区域扩大至34 636万亩（1亩≈667$m^2$，15亩=1$hm^2$，全书同），较2023年增加47.5万亩，增幅为0.1%。2024年，中央实施新一轮千亿斤粮食产能提升行动，开展粮油等主要作物大面积单产提升行动，进一步加大粮食生产支持力度，因此，保证小麦单位面积高产、稳产对我国粮食安全战略具有重要意义。

小麦单产的提高受诸多因素的影响，首先充足的土壤养分和适宜的气候环境是首要前提，其次选择优良的品种是先决条件，然后田间管理与高效收获技术是重要辅助，而播种质量则是关键因素。小麦播种方式以密集条播（图1-1a）为主，但存在用种量大、落种无序等问题，宽幅精量匀播（图1-1b）是改传统密集条播为宽幅精播的一项高产、高效栽培技术，其通过改善种子空间分布的方法，优化麦田群体动态结构，具有显著的节种、节水、节肥、增产等优势。余松烈院士研究创立了小麦产量发展三阶段理论、冬小麦精播高产栽培理论，并提出了小麦精播栽培技术体系，为我国小麦生产实现高产、高质量和高效发展起到了关键性的指导作用。小麦立体匀播技术是指将小麦籽粒在土壤的三维空间中更均匀地分散开来，从而使得其能够更加平衡地利用农田的土地资源与自然资源，并充分发挥出每个小麦植株的分蘖潜力，是目前小麦节种、高产机械化种植的方向。

小麦高速精量播种系统作为播种机研发的关键技术载体，其核心内容是

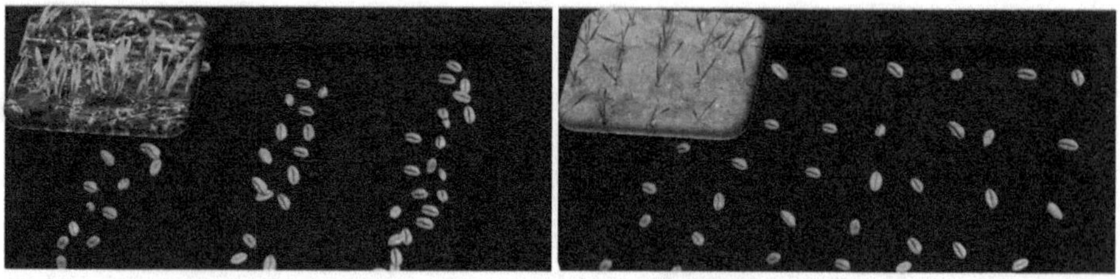

（a）密集条播效果示意图　　（b）宽幅精量匀播效果示意图

**图 1-1　小麦立体匀播示意图**

精量排种机构，它的工作性能直接决定了播种质量的优劣。对于小麦等籽粒小、播量大的非圆形种子，在高冲击、强振动的工况下，排种过程极其复杂，实现“高效低损、单粒有序”精量排种仍是技术难点。因此，研发基于小麦气力集排系统的性能稳定、可靠性高、符合小麦种植优质高效农艺要求的精量排种机构，是解决小麦高速作业条件下高标准、高精度播种的关键。

目前小麦排种器主要有机械式和气力式两种。机械式的排种装置构造简便且制造费用较低，但是田间通常使用的仍是条播模式，播种一致性有待提高。气力式排种装置主要以中央气送集排式为主，其工作原理是让种子首先通过气体流动被带入集中分配器的内部空间，然后从各终端出口分散出来，能够满足宽幅、种子均量作业要求，从而提高生产效率。但种子依旧呈无序种流的条播方式排出，在田间难以形成有序均匀的麦种分布，无法最大限度发挥小麦单株分蘖能力。

根据上述问题，笔者设计了一种基于小麦气力集排系统的离心组合式精量排种器，通过气力充填和离心清除的方式，对中央气力运输式排种装置排出的种子流进行有序、均匀排列。重点研究排种器关键结构参数对其工作性能的影响，以期优化排种器结构参数，提升播种质量，从而达到小麦单产提升的目的，对切实保障粮食安全、促进国民经济发展有着重要意义。

## 1.2　国内外小麦精量排种技术现状分析

自 20 世纪 60 年代起，外国学者就开始针对各种类型的精确种子分配设备进行了深入的研究，苏联、英国、德国等都相继提出了麦类作物精量播种理论，并对小麦精量播种机进行了大量的试验研究。目前大部分使用的是气力型精确播种设备，这使得播种作业准确率、工作效率及通用程度均得到了持续提升。

国际上先进的精量排种器主要采用了气力式的工作原理，且正朝着大型、高效、操控电子化方向发展，先进的液压技术、电子技术、通信技术以及新型材料、加工工艺正逐步应用到精播排种器上，工作效率和精度不断得到提高。例如，意大利 Maschio 研发的 Alitalia 气吹式联合条播机（图 1-2a），其播种系统可以适配多种类型的种子，同时该机还配备了独立设计的 By-Pass 补偿系统，从而提高了播种系统的排种均匀性；德国 Amazone 研发的 Cirrus 系列播种机（图 1-2b），采用联合播种的方式将种子与肥料经各自

（a）Maschio集排式排种器　（b）Amazone集排式排种器

（c）Lemken集排式排种器　（d）Kverneland集排式排种器

**图 1-2　集排式排种器**

分配器分配后在输种管内混合进入种沟，完成播种作业；德国 Lemken 设计的 Solitair 播种机（图 1-2c），能够通过更换外槽轮排种器来实现对各类作物的精确播种，其适用性强，适合各种规模的农场使用；挪威 Kverneland 设计的气吹式大型条播机（图 1-2d）适用于条播作物大面积种植，工作效率高，性能可靠。

总体而言，欧美等发达国家很多农业机械制造企业研制了结构多种多样的气力式播种机，同时将卫星定位系统、专家智能系统、地理信息系统和遥感技术相结合来提高播种机的智能化水平，实现了播种机可根据地力变化进行变量播种、施肥作业，具有性能良好、使用寿命长、可靠性高、播种质量好等特点，这体现出精量播种发展的必然性。

自 20 世纪 70 年代起，我国开始深入探讨和研发各种类型的播种机械设备，最初研究开发的机械式排种器基于其构造简便、制造费用较低的特点而迅速被普及且持续沿用至今。

曹成茂等（2014）通过在排种器上均匀分布多个种槽实现多行同时作业；王英博等（2020）设计了一种射播排种器（图 1-3a），通过高速旋转的叶片对送种轮排出的种子进行加速，使种子以较高的速度射入田间；何丽楠等（2019）设计了一种螺旋槽式排种器，改善了外槽轮排种器播种不均匀的问题；李玉环等（2020）设计了一种扰动促充机械式绿豆精量排种器（图 1-3b），通过凹型携种孔兜种，导槽促进充种，毛刷清种护种多个结构协同配合，实现定粒精量穴播；张学军等（2021）设计了一种双仓转盘式棉花竖直圆盘穴播排种器（图 1-3c），采用双仓分离设计的原理，通过独立仓室携种代替摩擦携种，减少作业时对种子的损伤，并运用最速降线原理，对取种盘结构进行设计，实现精量播种；李娟娟等（2020）设计了一种转轴型孔式精量排种器（图 1-3d），建立运动学模型对棉种间的相互抢位作用进行力学分析，并通过 EDEM 仿真分析棉种在充种时的运动规律；都鑫等（2019）设计了一种内充型孔式玉米排种器，通过增设扰种条来提高种群流动性，并对多种不同扰种条件下的充种性能进行仿真研究。

自 20 世纪 80 年代起，我国开始对气力式排种器进行开发和深层次的理论研究。史嵩等（2015）设计了一种气压和组合型孔相结合的玉米精量排

（a）射播排种器

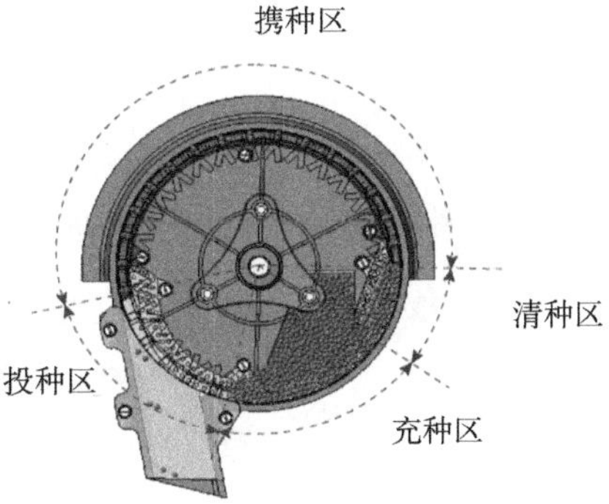


（b）扰动促充机械式绿豆精量排种器

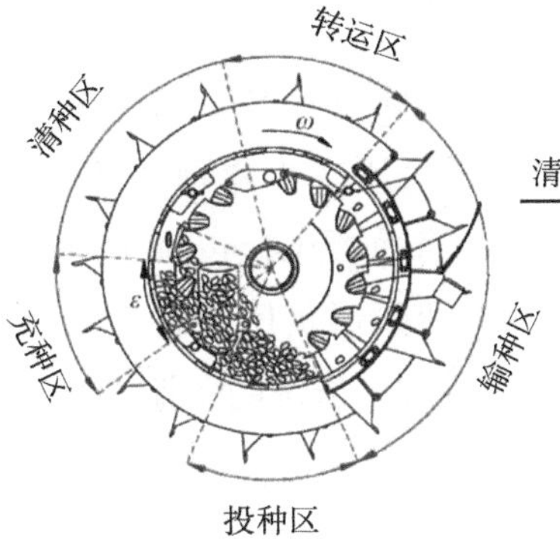


（c）双仓转盘式棉花竖直圆盘穴播排种器

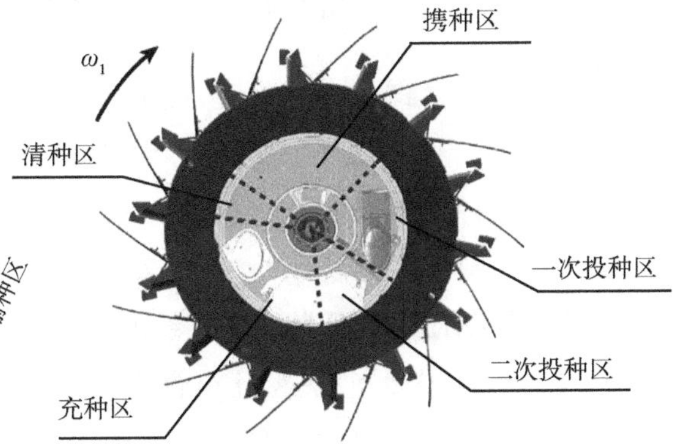


（d）转轴型孔式精量排种器

**图 1-3　部分机械式排种器示意图**

种器，通过使用导种槽结构和正压气流以改进种子的流动性和提升填充效率，运用 EDEM-FLUNET 两相流耦合模拟试验来评估取种盘搅动对种子内部摩擦力的效应，揭示种子在排种器填充过程中的运动规律，对充种阶段进行理论完善；高丽萍等（2022）提出了一种圆锥形孔径的排种器，该构造可以增强种子的流动效果，减少被吸附种子的移动阻力，并且对倒角截顶圆锥孔排种性能提升原理进行理论解释，从而进一步提高正负气压混合式油菜精量排种器的工作性能（图 1-4a）；杨文彩等（2021）设计了一种气吸滚

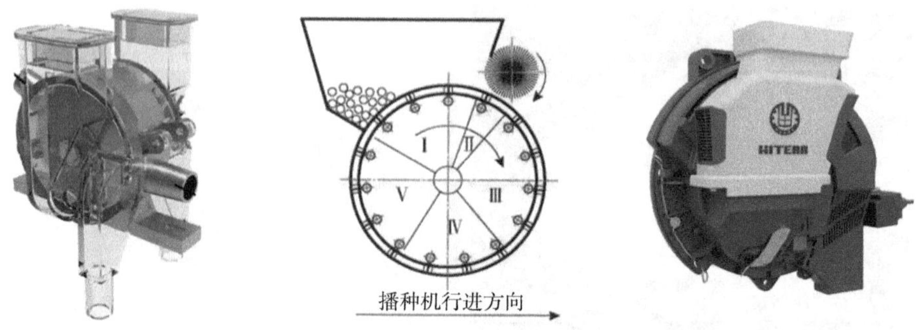


（a）正负气压混合式油菜排种器　（b）气吸滚筒式三七排种器　（c）驱导辅助充种气吸式精量排种器

**图 1-4　部分气力式排种器示意图**

筒式三七排种器（图 1-4b），基于负压吸种、正压排种原理进行研究，优化排种器性能；何瑞银等（2022）设计了一种正负压式小麦精密排种器，该结构从限制种子填充姿态出发，并添加弧形的辅助填充板以调节种子姿态，提升填充效果；赵晓顺等（2017）通过设计圆弧形负压吸种环槽将一定宽度的密集条播麦种分散成一条线的播种带，改进了传统的条播模式；程修沛等（2018）采用气流-型孔组合式工作原理，获得更佳的充种性能；史嵩等（2019）针对气吸式排种器高速作业充种效果不佳导致排种质量降低的问题，设计了一种驱导辅助充种气吸式精量排种器（图 1-4c），采用主动驱导种群、减少局部种间接触的办法，分析排种器充种过程中种子的受力状态，对导种槽关键参数进行设计，同时结合气固耦合仿真分析方法 EDEM-FLUNET，完成排种器参数优化，提高充种效果。

集排式播种机同样成为我国播种机研发的趋势。中国农业机械化科学研究院率先研制 2BMG-24Q 型气流输送式免耕播种机、2BMG-48 型气流输送式免耕播种机（图 1-5a、图 1-5b），在大型折叠播种机方面填补国内空白；由中国农业机械化科学研究院呼和浩特分院研发的播种机械使用了不受种子形状、大小、重量等物理特性制约的排种设备（图 1-5c），这使得其可以适用于各类农业与畜牧业作物的条播任务；祁兵等（2014）结合集中排种与气送投种的特点设计了一种中央集排气送式玉米精量排种器，采用了降低充种阻力的新型气流结构，提高充种性能，并对清种装置进行研究，降低重播现象；张晓辉等（2018）进行了关于集中定量排种分配系统的理论探讨和仿真评估，以提升分配的一致性；李晓冉等（2023）对稻麦油兼用气送集排器进行结构优化，设计了一种稻麦油兼用型孔轮和螺旋斜置式柔性搅种装置，提高充种时稻麦种子的流动性，解决通用性不强、供种作业稳定性低、排种作业稳定性差的问题；姚露等（2022）对油菜高速集排器进行深入研究，设计了一种"螺旋进种条"结构，实现稳定供种、供种量可精准调整等功能，并基于 Bezier 曲线模型对分种机构均匀性不一致的问题进行深入探讨，以期提高各行排量一致性；廖庆喜等（2012）设计一种内充气吹式油菜精量排种器（图 1-5d），采用内充种和气流压力卸种结合的方式，实现

（a）2BMG-24Q型气流输送免耕播种机　（b）2BMG-48型气流输送免耕播种机

（c）9BQM-3.0型气流输送式免耕播种机　（d）2BFO-6型油菜精量联合直播机

**图 1-5　部分集排式播种机示意图**

单粒取种，并针对集排器关键结构进行研究，以期提升供种稳定性和分配均匀性；李兆东等（2019）根据种子迅速分离和精确吸附的原理设计了一种带有凹槽齿轮的吸种盘，该结构有助于减少群体内的摩擦阻力和减轻籽受损程度，同时也保证了种子的定量填充和供应，并且简化整个构造即缩短了籽粒移动路径，节省能源消耗；雷小龙等（2015）设计了一个倾斜锥形孔轮式的供给结构，并利用耦合仿真模拟对其进行优化，提高供种效果；王磊等通过对匀种涡轮、混种部件、穹顶状分配装置和具有等宽多边形槽齿轮的供种装置等关键部件进行设计，提高供种稳定性和排量一致性；王宝山等（2022）通过改进型孔轮的结构，解决充种稳定性差、易堵塞的问题。以上对于集排式播种装备的探索都能有效改善播种均匀性，然而种子仍旧是以无规律的流动形式输出，导致难以在田地中形成合理的聚集状态，因此有必要对集排式播种装备末端排种器进行研究，以便重新有序地分配种流，进而提高播种效果。

## 1.3 集排式播种设备工作原理

集排式播种设备指的是单一播种单元或者单一输种系统可以一次性完成多行的播种任务，能够满足宽幅作业要求，从而大幅度增加生产效率。根据工作原理可分为：机械式、气力滚筒式和气送式（图 1-6）。机械式播种设备主要是通过倒置内部圆柱体或者带向上斜面的播种孔来实现多行同步播种，构造相对简易，且运行流程也较为直接，减轻了对种子的损害程度。气力滚筒式播种设备则是由滚轮气吸集排组件、风力运输组件及驱动组件等构成，位于负压力区域的滚筒吸种结构会吸收来自种箱内的种子，多余的种子会在清除装置的影响下重新返回到种箱里，而在滚筒移动至高压区域后，负压状态就会被打破，使得种子能够借助自身的重量和高压环境从滚筒底部的出口处排出，这种设计方便使用者操控，并且提高了工作效率。气送式播种设备是利用气体流动把群体中的种子输送到集中分配器的腔室里面，然后再分发给每个终端的播种口，能够满足宽幅、种子均量作业要求，从而提高生产效率。但由于种子依然是以非规律性的种流形式散布出去，所以在农田中很难达到有序、均匀的种群分布效果。集排式排种器简化了播种机整体结构，可实现集中供种、高效排种和高效率作业，已成为国内外播种机排种器发展的主要趋势。

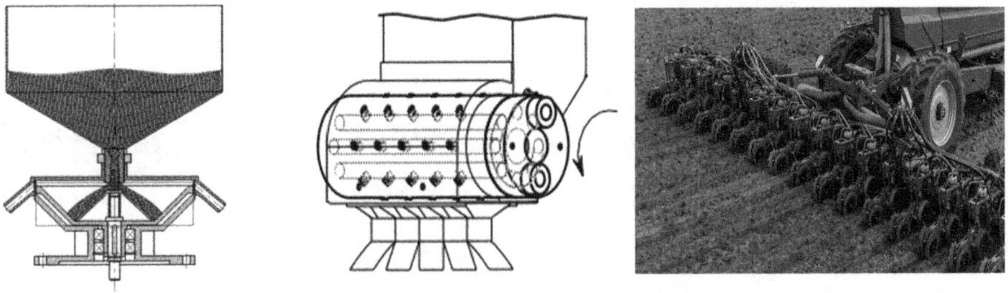

（a）机械式　（b）气力滚筒式　（c）气送式

**图 1-6　典型的集排式排种器**

# 1.4　研究内容

国内针对高速作业、大播量的小麦气力集排式精量播种机的研究还处于初期的探索阶段，要最终形成成熟的产品，还需要更具创新性的基础理论研究和大量细致的应用工作。为了解决传统小麦播种方式存在脉动性高、均匀性差的问题，笔者通过机械气力复合充种和离心清除方法对小麦精量排种器进行研究。主要研究内容如下。

（1）气力集排分配器排种精度影响因素分析。针对国内气力输送系统横向分配精度低、种子破损多、堵塞风险高等问题，设计气力集排试验装置，以输种管长度、气流速度、种子流量和倾斜角度为运行条件，以增压管、换向弯管和锥形盖板为结构参数，构建不同分配模型，进行气力集排播种机分配器的种子分配试验，分析在持续气流作用下，种子颗粒在分配器中的运动轨迹及各行排量一致性变异系数，研究各因素对气力集排分配器排种精度影响规律，探究各因素在气力集排分配过程中的作用和机理。

（2）排种器结构参数设计及工作过程分析。结合小麦种子的物理特性参数以及单粒精播农艺要求，提出了一种机械气力复合的充种方法，设计了末端有序导种排种器。详细介绍了排种器的结构组成和工作原理，并建立了数学模型来确定排种器整体结构参数。通过对排种器充种、携种和排种过程的动力学理论研究，分析关键部件对排种器工作性能的影响趋势，确定其关键结构参数。

（3）运用气固两相流仿真 DEM-CFD 技术对排种器的工作过程进行数值模拟。对小麦种子在排种器不同工作过程中的受力、运动情况进行描述。建立仿真模型，利用三维软件建立排种器颗粒场和气流场模型并加以网格划分，设定仿真参数，进行数值模拟。以抗清除力、型孔空隙率和种子初始下落位置为性能评价指标，对关键因素通孔直径、型孔内侧面充种角、型孔落种角进行分析，优化其参数范围。

（4）开展台架试验进一步探究关键结构参数对排种器工作性能的影响。以排种器漏播率、重播率、排种合格率为试验指标，对关键因素通孔直径、型孔内侧面充种角、取种盘转速进行三因素五水平组合试验。根据方差分析确定各因素对指标影响的主次顺序，并绘制响应曲面图分析各因素之间的交互效应。通过多目标优化法求解得到排种器最佳性能参数组合，并验证试验考察优化结果。

（5）进行田间试验考察末端有序导种排种器真实作业情况。试验以漏播率、重播率和排种合格率为评价指标，考察不同取种盘速度水平下的排种器工作性能，以此验证所设计结构的合理性和可靠性。

# 1.5 研究方法与技术路线

## 1.5.1 研究方法

在总结国内外相关研究的基础上，拟通过理论分析、数值计算和试验研究相结合的方法对模拟精量排种机构颗粒流体系统复杂现象进行合理描述，有序开展本项目的研究工作。

（1）建立种子离散元模型以及离心组合式小麦精量排种器的流场模型

①按照国标方法测量小麦种子的三维尺寸、千粒重、密度、泊松比、剪切模量、悬浮速度等物理特性参数，借助高速摄影技术，在物料特性试验台上测试分析小麦种子与导向排种机构相关接触材料之间的滚动摩擦系数、堆积角、滑动摩擦系数等接触参数，采用球体面填充法建立小麦种子颗粒模型（图 1-7a、图 1-7b）。

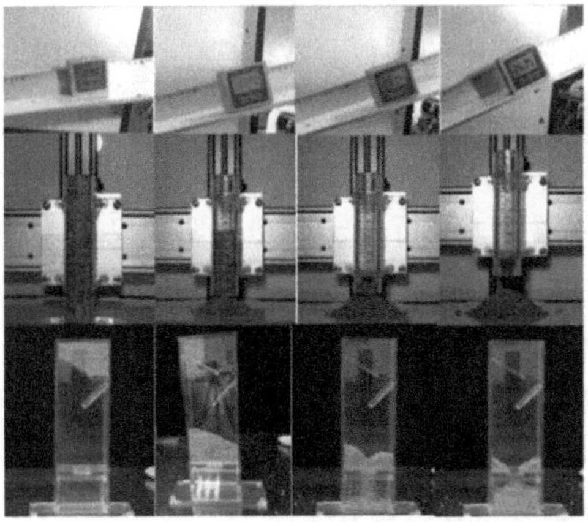

（a）种子接触参数测量及标定

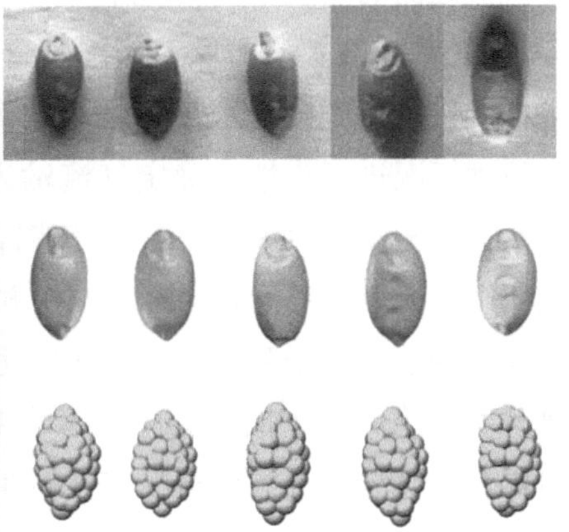

（b）小麦种子颗粒模型

**图 1-7　种子离散元模型建立**

②物性参数标定。传统的被动对比法标定过程繁杂且数据处理量庞大，因此本研究拟创新采用主动回归寻找法，减少标定次数和数据处理量。主动回归寻找的思路是借助回归控制方程，同时进行多个标定试验。

③采用拆分体法在 Solidworks 软件中建立气流结构及导向排种机构整体的三维流场模型，在 Fluent 软件分析确定流体性质、流动形式、求解器计算模型及合理的边界条件类型，建立合理的导向排种机构流场仿真模型。在排种器试验台上利用仪器测量排种器进、出口等关键位置的气流参数，与仿真结果进行对比验证，保证流场模型的可靠性。

（2）DEM-CFD 耦合分析

由于气力式排种器的充种过程涉及气体流动、种间相互影响等诸多因素，因此传统的测量手段难以准确地评估其各个环节的情况。随着计算机技术的发展，DEM-CFD（气固两相流仿真）被广泛应用于气力式排种器充种过程的研究。其中，离散元理论（DEM）作为一种以分子动力学为基础的分析方法，能够精确模拟粒子群体内的动态行为，并能通过计算粒子之间的法向力和切向位移来确定每个接触点的作用力。计算流体力学（CFD）能够准确模拟流体流动，可对气流的影响作用进行详细描述。为了详细描述颗粒与气流之间的相互作用，DEM-CFD 耦合方法已被应用于各种工程项目。例如，DEM-CFD 耦合方法可用于研究气固流中的颗粒分散机理，该方法在排种器领域也得到广泛应用。雷小龙等（2016）通过 DEM-CFD 方法对种子的流动情况进行模拟，确定气流输入速度。王英博等（2020）采用 DEM-CFD 方法模拟对种子-空气-土壤耦合模型，进行种子运动特性和曳力特性的研究。此外，可通过 DEM-CFD 方法对气流和颗粒运动进行数值研究，模拟在排种器中种子和气流的相互运动影响，从而对机械结构进行优化，提升排种器性能。将离散元法（DEM）和计算流体力学（CFD）相结合，通过对耦合计算结果进行分析，充分解释颗粒和流体的运动机理。

（3）种子颗粒运动行为影响机制研究的方案与方法

①采用西门子 LMS 振动信号采集系统，将加速度传感器安放至排种器落种点、排种机构中段、排种口三处位置，测量获取工作过程中的加速度信号，通过快速傅里叶变化（FFT），将时域信号转化为频域信号，滤除 1Hz 以下低频及 120Hz 以上高频信号，将信号转为 PSD 功率谱密度（图 1-8）。

②种子颗粒力学行为的宏观研究采用连续体模型及有限元法，细观研究采用离散颗粒模型及离散元法。借助数值模拟和动态仿真，分别提取气力送种、压附取种、叠加充种、气吹清种四个阶段中能够准确描述种子颗粒运动行为的颗粒体系多尺度特征要素；分析各阶段种子动量、位移、加速度、接触姿态等信息的变化情况，探讨种子颗粒轨迹、颗粒个体信息、外部激励因素三者间的互作机制；根据仿真分析的结果，分析排种各阶段颗粒轨迹的类型，选择适宜的曲线方程（如抛物线、指数方程等）对其进行描述，并以方程重要系数作为描述该阶段种子颗粒运移轨迹的特征参数；通过动力学计算描述每个粒子的行为，从而直接或通过统计与组合复现系统的行为，提炼

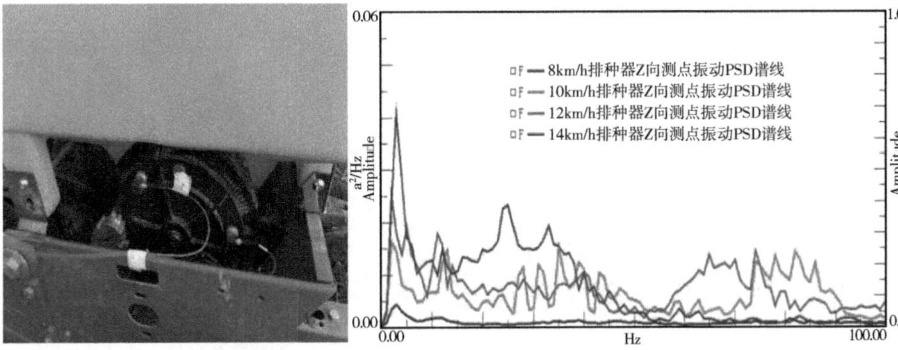


**图 1-8　田间随机振动信号功率谱密度**

出其中的统计规律以供开展宏观尺度上的动力学研究。

③在振动试验台上进行导向排种机构试验，将第一阶段振动信号功率谱密度引入振动系统中，在排种机构不同速度下开展随机振动测试，采用高速摄影机，利用颗粒轨迹追踪系统，分析振动环境下引起排种失稳的因素；在 JPS-12 排种器试验台上对扰种式气流结构下种子群体状态的变化规律进行台架试验，利用高速摄像技术观察分析种子群体状态变化规律，提取不同气流参数下的种子群体状态特征参数；结合气固耦合模拟和理论分析结果，对气流参数与种子群体状态特征参数的作用关系模型进行检验和修正。

（4）排种机构多目标优化研究的方案与方法

在探明各影响因素对导向排种机构排种性能影响机制的基础上，采用数字化、参数化设计方法，借助 3D 打印快速成型技术及数控加工技术，完成精确导向排种机构物理模型加工试制；以高速摄影技术、光电智能检测技术为手段，检验精确导向排种机构工作稳定性和可靠性，以粒距合格率、粒距变异系为评价指标，通过与仿真结果的对比，检验仿真分析的准确性，进一步修正合理排种状态颗粒轨迹数学模型；结合气固耦合模拟和理论分析结果，对试验数据进行回归分析，建立种子群体状态特征参数对排种性能指标作用关系的回归模型，并对回归模型进行检验和修正，确定最优的种子群体状态特征参数，提出导向排种机构的设计和优化原则；对研发的高速精量排送系统进行综合评价。

### 1.5.2 技术路线

主要技术路线如图 1-9 所示。

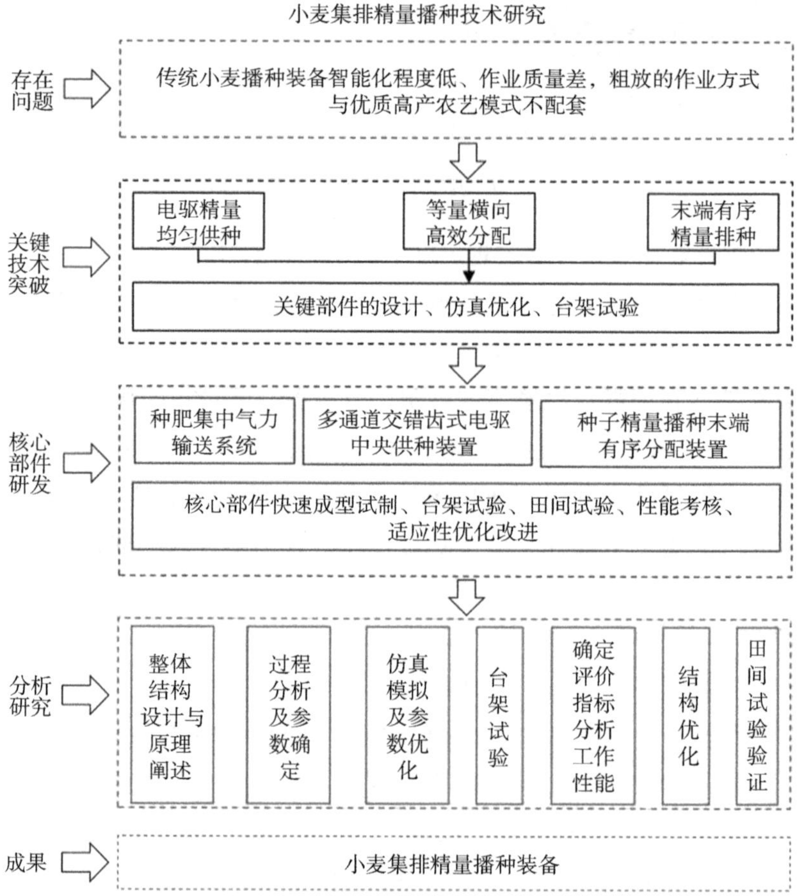


**图 1-9　技术路线图**

## 1.6　本章小结

本章主要介绍了研究背景和意义，对目前国内外精量排种器的研究现状进行分析。针对传统小麦种植方式中存在的脉动性高和不均匀性问题，提出了基于气力式集排系统的机械气力复合播种的方法，并明确了研究内容，确定了研究方法，设定了相应的技术路径。

# 第2章　小麦物理特性研究

## 2.1　试验方法

休止角是表征颗粒物料流动、摩擦等特性的宏观参数，与接触材料和物料本身物理特性有关。本章重点研究在不同填充球粒径下的小麦种子模型仿真时休止角与真实试验的休止角误差变化情况。

首先通过真实试验测定两种试验方法下的小麦种群休止角，然后建立不同填充颗粒粒径的小麦种子模型，并以种间静摩擦系数和滚动摩擦系数为试验因素进行仿真试验，以2种试验方法真实测量的休止角为目标值，运用响应面法建立2个主要接触参数的二元回归方程，求解不同填充颗粒粒径下小麦种子仿真时种间静摩擦系数和滚动摩擦系数2个变量。最后根据2个主要接触参数的标定结果，分析不同填充颗粒球半径对仿真休止角稳定性的影响。

## 2.2　休止角测量试验

试验材料选择济麦22，千粒重42.4g。2种测量休止角的试验装置材料均为有机玻璃，试验装置为自制的物料特性试验台如图2-1a所示，由物料特性测试台、有机玻璃无底圆筒、种群滑落堆积装置等组成；提升法测试时将有机玻璃无底圆筒落下与底面有机玻璃板贴合，将一定数量的小麦种子倒入圆筒内，由电机带动圆筒以0.5m/s匀速提升，种子自然滑落并堆积，种群堆积斜面与水平面的夹角即为圆筒提升试验休止角；滑落堆积试验装置由抽板和壳体组成，壳体长、宽、高分别为 110mm、60mm、400mm，试验时把种子放入装置中，待种群稳定后，向外抽出抽板可使种子沿漏料孔滑动散落并堆积，种群斜面与水平面的夹角即为滑落堆积试验休止角；2 种试验形成的休止角如图 2-1 所示。

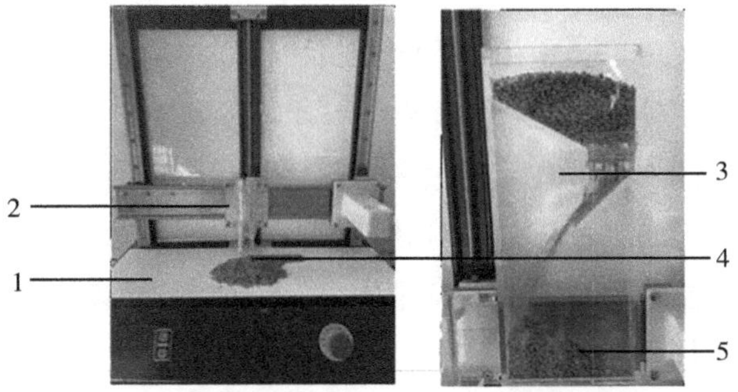


（a）圆筒提升试验　　（b）滑落堆积试验

1. 物料特性测试台；2. 有机玻璃无底圆筒；

3. 种群滑落堆积装置；4. 小麦种子；5. 种群。

**图 2-1　小麦休止角测量试验**

## 2.3　仿真模型

### 2.3.1　小麦种子颗粒模型填充球数量确定

在离散元软件 EDEM 中创建颗粒模型时，颗粒模型还原程度越高，建模所需基础球形颗粒单元的数量越多，而仿真所需时间越长，效率越低，但建模时填充球太少会增大模型误差，造成仿真分析时种间接触参数设置误差较大。小麦填充球数量计算公式为：

$$a \cdot V_R = N \cdot V_F \tag{2-1}$$

$$V_F = \frac{4}{3}\pi \cdot r^3 \tag{2-2}$$

式中，$a$ 为填充体积分数,%；$V_R$为被填充物体的实际体积，$mm^3$；$N$ 为填充颗粒球数量，个；$V_F$为填充颗粒球体积，$mm^3$；$r$ 为填充颗粒球半径，mm。

相关研究表明：当填充体积分数 $a=56\%$ 时填充效果达到最好，本研究创建的小麦籽粒模型可通过三维软件 SolidWorks 分析得到小麦籽粒体积 $V_R$ 为 14.235mm$^3$，可采用不同的填充球体半径创建小麦种子仿真模型。

### 2.3.2　小麦种子颗粒模型构建

采用逆向工程理论，运用三维激光扫描仪获得种子的三维点云数据。通过固定插针将小麦种子固定在工作台的一个参照物上，放置在镜头前合适位置，采用蓝光拍照扫描方式，通过多个视角拍摄小麦种子的每个侧面，将点云数据文件导入逆向工程软件并对其进行噪声删除、对齐、合并、封装、精确曲面、格式转换等一系列处理，重构小麦三维实体模型，试验选取一般尺寸、无残缺、有代表性的小麦籽粒，其外形轮廓及通过三维光栅扫描处理后获得的小麦种子扫描模型如图 2-2 所示。

将 SolidWorks 软件中导出的格式为 . stl 的小麦种子三维模型作为几何体导入 EDEM 软件中，通过调整视图使小麦横放，以使球颗粒生成过程中可充分填充到各个区域，在模具内部上端定义颗粒工厂，动态生成的球颗粒以一定的初速度运动，颗粒模型为 Hertz Mindlin with bonding，为使球颗粒填充流动性较好，设定较小的碰撞恢复系数以及动、静摩擦系数，为使填充空隙更致密，重力加速度设置较大。待球颗粒填充满模型后，在 EDEM 后处理界面中导出所有球颗粒球心坐标 . csv 格式的数据文件，利用 API 文件将生成的大颗粒用小颗粒进行替换，替换位置为大颗粒的中心坐标，对替换的颗粒加载较大的 Bonding 力，使颗粒之间发生黏结，完成小麦种子耦合仿真模型的创建，结果如图 2-2 所示。

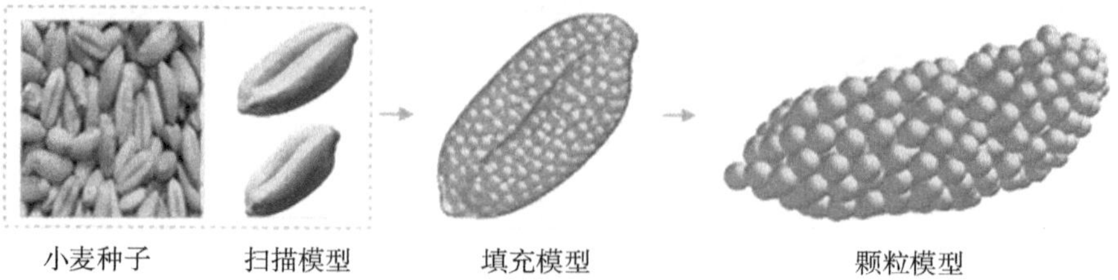


**图 2-2　小麦种子颗粒模型构建过程**

EDEM 仿真填充完成后，将仿真时间归零，导出 . xml 格式的 dec 文件，将处理后的球颗粒球心坐标数据插入 dec 文件中，在新建的 EDEM 文件 particle 项中导入此 dec 文件后，EDEM 软件会自动生成小麦种子颗粒模型，并将其作为颗粒模板直接调用。最终得到小麦种子不同填充数目的黏结模型。

### 2. 3. 3　小麦种子颗粒模型显著性仿真参数确定

EDEM 软件中颗粒参数众多，为准确寻找仿真参数中具有显著性效应的参数及范围，先进行仿真标定预试验，以填充球半径 $r=0.28$mm 的小麦种子颗粒模型为例安排仿真试验，进行 Plackett Burman 试验和最陡爬坡试验设计。仿真试验形成的小麦种子颗粒堆休止角用 Matlab 图像处理方法进行相应处理（图 2-3），取两侧休止角正切值的平均值（$\theta_1$、$\theta_2$）。

**图 2-3　仿真休止角图像处理**

用 Design-Expert 软件进行 Plackett Burman 试验设计，以确定仿真显著性参数，选取 EDEM 软件中 8 个真实参数和 3 个虚拟参数；每个参数设置高、低 2 个水平，以编码+1 和-1 形式表示，如表 2-1 所示。

**表 2-1　Plackett Burman 试验参数**

| 符号 | 参数 | 低水平（-1） | 高水平（+1） |
|---|---|---|---|
| X1 | 小麦泊松比 | 0. 4 | 0. 5 |
| X2 | 小麦剪切模量 | $5\times10^7$ | $5\times10^9$ |
| X3 | 小麦-小麦恢复系数 | 0. 4 | 0. 5 |
| X4 | 小麦-有机板恢复系数 | 0. 5 | 0. 6 |
| X5 | 小麦-小麦滚动摩擦系数 | 0. 07 | 0. 08 |
| X6 | 小麦-小麦静摩擦系数 | 0. 5 | 0. 6 |
| X7 | 小麦-有机板滚动摩擦系数 | 0. 04 | 0. 06 |
| X8 | 小麦-有机板静摩擦系数 | 0. 5 | 0. 6 |
| X9 X10 X11 | 虚拟参数 | — | — |

Plackett Burman 试验设计及结果如表 2-2 所示，利用 Design-Expert 软件对该结果进行方差分析，各参数的影响效果如表 2-3 所示。各参数对试验指标休止角影响的大小，由方差分析表中变量的显著性 $P$ 值确定。由表 2-3 可知，小麦-小麦静摩擦系数、小麦-小麦滚动摩擦系数、小麦-有机板静摩擦系数和小麦泊松比对颗粒堆积休止角影响显著，分别为 $P=0.001$、$P=0.005$、$P=0.029$ 和 $P=0.049$，而其他因素影响较小。为提高后续仿真试验的效率和精度，将显著性检验水平设置为 0.01，剔除一般显著的影响因素，将小麦-小麦静摩擦系数、小麦-小麦滚动摩擦系数 2 个因素通过仿真试验进行重点标定。

**表 2-2　Plackett-Burman 试验设计及结果**

| 序号 | X1 | X2 | X3 | X4 | X5 | X6 | X7 | X8 | X9 | X10 | X11 | 休止角正切值 |
|---|---|---|---|---|---|---|---|---|---|---|---|---|
| 1 | 1 | 1 | −1 | 1 | 1 | 1 | −1 | −1 | −1 | 1 | −1 | 0.390 |
| 2 | −1 | 1 | 1 | −1 | 1 | 1 | 1 | −1 | −1 | −1 | 1 | 0.501 |
| 3 | 1 | −1 | 1 | 1 | −1 | 1 | 1 | 1 | −1 | −1 | −1 | 0.302 |
| 4 | −1 | 1 | −1 | 1 | 1 | −1 | 1 | 1 | 1 | −1 | −1 | 0.201 |
| 5 | −1 | −1 | 1 | −1 | 1 | 1 | −1 | 1 | 1 | 1 | −1 | 0.393 |
| 6 | −1 | −1 | −1 | 1 | −1 | 1 | 1 | −1 | −1 | 1 | 1 | 0.338 |
| 7 | 1 | −1 | −1 | −1 | 1 | −1 | 1 | 1 | −1 | 1 | 1 | 0.131 |
| 8 | 1 | 1 | −1 | −1 | −1 | 1 | −1 | 1 | 1 | −1 | 1 | 0.223 |
| 9 | 1 | 1 | 1 | −1 | −1 | −1 | 1 | −1 | 1 | 1 | −1 | 0.128 |
| 10 | −1 | 1 | 1 | 1 | −1 | −1 | −1 | 1 | −1 | 1 | 1 | 0.061 |
| 11 | 1 | −1 | 1 | 1 | 1 | −1 | −1 | −1 | 1 | −1 | 1 | 0.168 |
| 12 | −1 | −1 | −1 | −1 | −1 | −1 | −1 | −1 | −1 | −1 | −1 | 0.122 |
| 13 | | | | | | | | | | | | |

**表 2-3　Plackett-Burman 试验参数显著性分析**

| 参数 | 均方和 | *F* 值 | 显著性 *P* 值 | 显著性 |
|---|---|---|---|---|
| X1 | 0.006 | 10.28 | 0.049 | — |
| X2 | 0.000 | 0.35 | 0.595 | — |
| X3 | 0.001 | 3.02 | 0.180 | — |
| X4 | 0.000 | 0.183 | 0.697 | — |
| X5 | 0.030 | 50.90 | 0.005 | ** |
| X6 | 0.148 | 244.94 | 0.001 | ** |
| X7 | 0.005 | 8.15 | 0.065 | — |
| X8 | 0.009 | 15.38 | 0.029 | * |

注：$P<0.01$（极显著，**）；$P<0.05$（显著，*）。

显著性参数范围确定实验方案：根据 Plackett Burman 试验筛选出的极显著性参数，应用圆筒提升仿真试验进行最陡爬坡试验，以最快的速度逼近各显著因素的最佳区域。显著性参数按照选定的步长逐步增加，以因素效应值确定变化步长。按参数范围值由小到大逐步增加数值，观察真实试验与仿真试验得到的休止角的相对误差，直到该相对误差达到最小值后又逐步增大。最陡爬坡试验设计及结果如表 2-4 所示。该结果表明随着小麦-小麦滚动摩擦系数（X5）、小麦-小麦静摩擦系数（X6）增加休止角逐渐增大，真实试验与仿真试验得到的小麦种子颗粒堆休止角的相对误差先减小后增加。在 3 号水平时，该相对误差最小，由此可知，最优值区间在试验 3 附近，因此选取试验 3 附近的范围进行后续的响应面设计。

**表 2-4　最陡爬坡试验设计与结果**

| 序号 | 小麦-小麦静摩擦系数 | 小麦-小麦滚动摩擦系数 | 休止角正切值 | 相对误差/% |
|---|---|---|---|---|
| 1 | 0.01 | 0.002 | 0.072 | 76.2 |
| 2 | 0.03 | 0.005 | 0.293 | 10.1 |
| 3 | 0.05 | 0.008 | 0.311 | 3.7 |
| 4 | 0.07 | 0.011 | 0.394 | 25.2 |
| 5 | 0.09 | 0.014 | 0.418 | 35.4 |
| 6 | 0.11 | 0.017 | 0.436 | 38.1 |

# 2.4 仿真标定试验

## 2.4.1 仿真参数设置

经过仿真预试验确定仿真标定参数为小麦-小麦静摩擦系数、小麦-小麦滚动摩擦系数，其余参数由文献获得，如表 2-5 所示。

**表 2-5 离散元仿真所需参数**

| 参数 | 数值 |
|---|---|
| 小麦泊松比 | 0.42 |
| 小麦剪切模量/Pa | $5\times10^8$ |
| 小麦种子密度/（$g/cm^3$） | 1.35 |
| 有机玻璃泊松比 | 0.39 |
| 有机玻璃剪切模量 | $3.19\times10^8$ |
| 有机玻璃密度/（$g/cm^3$） | 1.02 |
| 小麦-小麦碰撞恢复系数 | 0.42 |
| 小麦-有机玻璃碰撞恢复系数 | 0.51 |
| 小麦-有机玻璃静摩擦系数 | 0.55 |
| 小麦-有机玻璃滚动摩擦系数 | 0.05 |

## 2.4.2 仿真标定试验方案

根据小麦种子两种休止角的测量试验方法要求，以 1：1 的比例建立 2 个几何模型（图 2-4），以填充球半径 $r=0.28$mm 的小麦模型为例对小麦种子 EDEM 仿真过程中的颗粒间静摩擦系数和滚动摩擦系数两物性参数进行标定，选择通用旋转中心组合试验设计对小麦-小麦静摩擦系数和滚动摩擦系数进行标定。

根据仿真预试验结果，确定填充颗粒球半径 $r=0.28$mm 的小麦模型种子间静摩擦系数范围为 0.03~0.07，种子间滚动摩擦系数为 0.005~0.010。

设计小麦-小麦静摩擦系数和小麦-小麦滚动摩擦系数的仿真试验因素编码，如表 2-6 所示。

图 2-4　休止角仿真试验

表 2-6　仿真试验因素编码

| 编码 | 因素 | |
|---|---|---|
| | 小麦-小麦静摩擦系数 $A$ | 小麦-小麦滚动摩擦系数 $B$ |
| 1.414 | 0.078 28 | 0.011 035 |
| 1 | 0.07 | 0.010 |
| 0 | 0.05 | 0.007 5 |
| -1 | 0.03 | 0.005 |
| -1.414 | 0.021 72 | 0.003 965 |

## 2.4.3　仿真标定目标值获取

采集两种真实试验方法下的休止角图像，利用 Matlab 对采集图像进行处理（图 2-5），依次对图像进行去噪处理、灰度化、二值化处理，然后通过边缘检测提取休止角边缘曲线，利用最小二乘法对边界点进行直线拟合，拟合的直线斜率即为所要测得的休止角正切值，10 次测量结果如表 2-7 所示，求均值得到两种试验方法下休止角正切值分别为0.326 25、0.595 83。

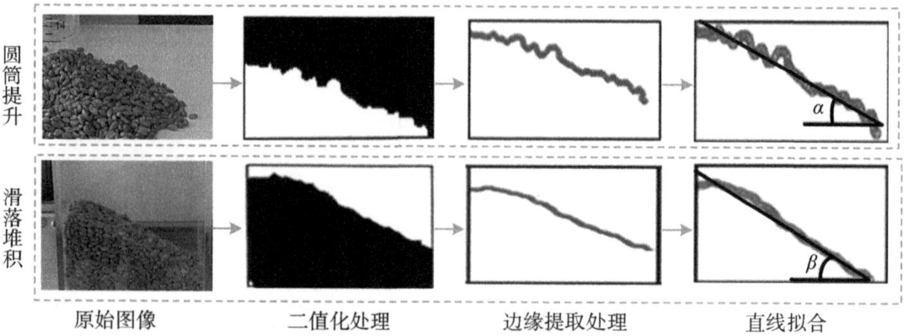


**图 2-5　两种方法下的休止角图像处理**

**表 2-7　两种试验方法下的休止角测量结果**

| 试验 | 圆筒提升试验休止角正切值 | 滑落堆积试验休止角正切值 |
|---|---|---|
| 1 | 0.359 69 | 0.631 62 |
| 2 | 0.371 13 | 0.649 44 |
| 3 | 0.321 96 | 0.608 41 |
| 4 | 0.321 19 | 0.620 62 |
| 5 | 0.332 41 | 0.634 92 |
| 6 | 0.325 04 | 0.567 67 |
| 7 | 0.304 90 | 0.569 09 |
| 8 | 0.313 07 | 0.552 56 |
| 9 | 0.307 09 | 0.565 48 |
| 10 | 0.306 04 | 0.558 45 |
| 均值 | 0.326 25 | 0.595 83 |
| 标准差 | 0.019 38 | 0.034 86 |

### 2.4.4　不同模型模拟的校准结果和分析

应用 Design-Expert 软件进行通用旋转中心组合试验设计，选取小麦种子颗粒间静摩擦系数和滚动摩擦系数为试验因素，以两种测量方法的休止角为评价指标，根据试验要求每种小麦模型共设计 13 组仿真试验，仿真完成后导出图像，并采用 Matlab 图像处理技术对仿真图像进行提取，得到不同填充颗粒球数模型的休止角正切值，结果见表 2-8，A、B 为因素编码值。

**表 2-8　仿真试验方案设计与结果**

| 序号 | 小麦-小麦静摩擦系数 $A$ | 小麦-小麦滚动摩擦系数 $B$ | 圆筒提升试验休止角正切值 | 滑动堆积试验休止角正切值 |
|---|---|---|---|---|
| 1 | -1 | -1 | 0.285 | 0.471 |
| 2 | 1 | -1 | 0.329 | 0.527 |
| 3 | -1 | 1 | 0.328 | 0.479 |
| 4 | 1 | 1 | 0.425 | 0.697 |
| 5 | -1.414 | 0 | 0.273 | 0.489 |
| 6 | 1.414 | 0 | 0.405 | 0.712 |
| 7 | 0 | -1.414 | 0.291 | 0.449 |
| 8 | 0 | 1.414 | 0.377 | 0.569 |
| 9 | 0 | 0 | 0.306 | 0.539 |
| 10 | 0 | 0 | 0.299 | 0.564 |
| 11 | 0 | 0 | 0.303 | 0.588 |
| 12 | 0 | 0 | 0.307 | 0.569 |
| 13 | 0 | 0 | 0.311 | 0.569 |

利用 Design-Expert 8.0.6 软件对仿真试验结果进行方差分析，发现两试验模型均为极显著（$P<0.01$），说明此试验合理有效。对指标有显著影响的所有因素均已考虑到，得出拟合较好且具有实际分析意义的因素编码值的回归方程。如下：

$$R_1 = 0.3052 + 0.0410A + 0.0326B + 0.0133AB + 0.0182A^2 + 0.0157B^2 \tag{2-3}$$

$$R_2 = 0.5658 + 0.0737A + 0.0435B + 0.0405AB + 0.0145A^2 - 0.0312B^2 \tag{2-4}$$

利用 Design-Expert 8.0.6 软件的优化模块，使仿真结果最接近真实试验所得的小麦种子休止角，对回归模型进行有约束目标的优化求解。

$$\begin{cases} R_1 = 0.3260 \\ R_2 = 0.5958 \end{cases} \quad \begin{cases} -1.414 \leqslant A \leqslant 1.414 \\ -1.414 \leqslant B \leqslant 1.414 \end{cases} \tag{2-5}$$

由此得到优化结果，当填充颗粒球半径 $r=0.28$mm 时，小麦-小麦静摩擦系数为 0.055，小麦-小麦滚动摩擦系数为 0.008，此时休止角仿真结果满足目标指标。按照上述办法，分别对其他 4 种不同填充颗粒球半径的小麦离散元模型进行小麦-小麦静摩擦系数和滚动摩擦系数的标定，标定结果如表 2-9 所示。

**表 2-9　不同小麦离散元模型标定物参数结果**

| 填充颗粒球半径/mm | 小麦-小麦静摩擦系数 | 小麦-小麦滚动摩擦系数 |
|---|---|---|
| 0.20 | 0.041 | 0.009 |
| 0.24 | 0.049 | 0.008 |
| 0.28 | 0.055 | 0.008 |
| 0.32 | 0.057 | 0.007 |
| 0.36 | 0.059 | 0.007 |
| 0.40 | 0.059 | 0.006 |

## 2.5　模型填充颗粒球对模拟精度的影响

### 2.5.1　种子堆积休止角试验

为了验证标定试验获得的接触参数的准确性，分析不同填充颗粒球对仿真精度的影响，采用圆筒提升试验和滑落堆积试验，对不同填充颗粒球的种子模型进行验证试验，每次试验重复 10 次，均以休止角的正切值为指标，采用图像处理技术对仿真图像进行处理，通过边界提取与拟合的方法获得休止角正切值，结果如表 2-10 所示。

表 2-10　不同填充颗粒球模型仿真结果与实际试验结果对比

| 参数 | 填充颗粒球半径/mm | | | | | |
|---|---|---|---|---|---|---|
| | 0.40 | 0.36 | 0.32 | 0.28 | 0.24 | 0.20 |
| $R_1$ | 0.312 | 0.341 | 0.354 | 0.362 | 0.397 | 0.398 |
| $R_1$与真实值相对误差/% | 3.95 | 3.19 | 2.33 | 2.41 | 2.26 | 2.19 |
| $R_2$ | 0.542 | 0.553 | 0.564 | 0.587 | 0.594 | 0.599 |
| $R_2$与真实值相对误差/% | 4.13 | 3.74 | 2.48 | 2.37 | 2.24 | 2.14 |

从表 2-10 可以看出，随着填充颗粒球半径的减少，填充球数量的提高，仿真休止角与真实试验的误差变小。当填充颗粒球半径 $r=0.4$mm 时，休止角相对误差较大；当填充颗粒球半径 $r=0.32$mm 时，休止角相对误差开始降低，并与其他填充球半径的模型较接近。

## 2.5.2　小麦气固两相流耦合模拟试验

为了进一步验证不同填充颗粒数对仿真精度的影响，进行了气固两相流耦合仿真试验（图 2-6）。试验选用的排种器为笔者团队研制的小麦正压式精量排种器。该排种器利用正压气流将种子压在型孔上，完成种子充填，因此对其充种环节进行重点分析。但由于小麦种子的体积较小，在排种器内的种子数量比较密集，在模拟分析过程中必须考虑颗粒对气流场的影响，因此，采用欧拉双向耦合模型。

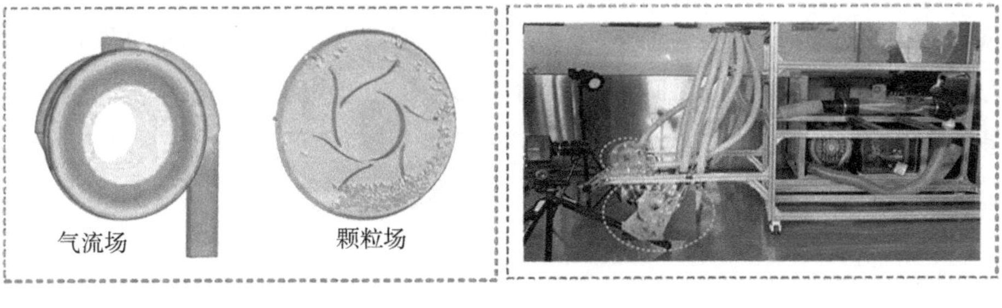


图 2-6　排种器气固耦合仿真分析与真实试验

利用三维软件建立排种器气流场模型并进行网格划分，流场网格体积大于黏性颗粒体积，并采用滑移网格法，将壳体内部腔室网格区域默认为静态，将与各部件接触的平面作为接口，以完成动、静态区域之间的数据交换。为建立真实试验与仿真试验之间的联系，采用漏充率作为真实测试与仿真试验的指标。

以型孔离开充种区的位置作为初始点，以完全脱离种群为终止点，划定充种率观察判定区。排种器工作过程中，采用摄像机进行拍摄，将离开判定区型孔无种子的情况判定为漏充，漏充型孔数与总型孔数的比值为漏充率，漏充率计算公式为：

$$K_m = \frac{n_m}{N_p} \times 100\% \quad (2-6)$$

式中，$K_m$为漏充率,%；$n_m$为漏充型孔数；$N_p$为记录的总型孔数。

待排种器工作稳定后再开始记录，但由于受计算资源的限制，仿真时间较短，因此以连续两个型孔有种子作为触发条件，统计有效型孔数、漏充率、漏充型孔数的计算方法与真实测试一致。

选取济麦 22 作为试验种子，排种器采用 ECMA-C10401ES 伺服电机独立驱动转矩为 0. 3N · m，转速为3 000r/min，以满足排种盘试验的高转速要求。排种盘转速为 800r/min，6 孔。进行 3 次试验。每次测试检测不少于 1 000个孔。结果表明排种盘泄漏率平均值为 8. 24%。

在模拟仿真过程中，必须考虑颗粒对气流场的影响。采用欧拉双向耦合模型自由流动模型和牵引模型。小麦种子间距设为 0. 03m，种子填充管通过风压为 5kPa，种子颗粒生成速率设为 100 粒/s。颗粒场模拟时间步长设置为 $2\times10^{-6}$，气流场模拟时间步长设置为 $2\times10^{-5}$，仿真总时长为 2s。测试结果如表 2-11 所示。

表 2-11　不同填充颗粒球半径对气固耦合仿真试验的影响

| 参数 | 填充颗粒球半径/mm | | | | | |
|---|---|---|---|---|---|---|
| | 0.20 | 0.24 | 0.28 | 0.32 | 0.36 | 0.40 |
| 有效型孔数 | 200 | 200 | 200 | 200 | 200 | 200 |
| 漏充型孔数 | 16 | 16 | 18 | 19 | 21 | 24 |
| 漏充率/% | 8.0 | 8.0 | 9.0 | 9.5 | 10.5 | 12.0 |
| 相对误差/% | 2.52 | 4.64 | 9.28 | 6.54 | 24.37 | 48.50 |
| 仿真计算时间/h | 126 | 116 | 101 | 84 | 62 | 35 |

试验结果表明，随着填充颗粒球半径减小，有效型孔数逐渐提高，漏充率指标也越接近真实测试结果，证明减小填充颗粒球半径、增加填充颗粒数可以使种子外形更加接近于真实情况，但同时会大幅增加仿真时间。随着填充颗粒球半径的提高，仿真时间会大幅下降，但仿真精度也会下降。当填充颗粒球半径 $r$=0.32mm，仿真试验漏充率为 9.5%，相对误差 6.54%，在兼顾仿真时间的前提下，该模拟仿真结果最佳。

## 2.6　本章小结

本章通过圆筒提升试验和滑落堆积试验测定小麦种群休止角，并建立不同填充颗粒半径的小麦种子模型，以种群间静摩擦系数和滚动摩擦系数为试验因素进行仿真试验。以 2 种试验方法下真实测量的休止角为目标值，运用响应面法，以休止角为指标，标定出不同填充球颗粒半径种子模型的种间静摩擦系数和动摩擦系数，并通过圆筒提升和滑落堆积试验对参数进行验证。结果表明：随着填充球颗粒半径的减小，有效型孔数逐渐提高，漏充率指标也越接近真实测试结果，但同时会大幅增加仿真计算时间。当填充颗粒球半径 $r$=0.32mm，仿真试验漏充率为 9.5%，相对误差 6.54%，在兼顾仿真时间的前提下，该模拟仿真结果最佳。研究结果可为后续气力式排种器仿真过程标定参数范围选取提供参考。

# 第 3 章　气力集排分配系统总体设计

## 3.1　整体结构和工作原理

### 3.1.1　总体结构

气力集排式小麦排种系统总体结构如图 3-1 所示，主要由集中定量供种装置、气流分配系统和智能控制系统组成。其中，集中定量供种装置主要由电机、壳体、排种轮等组成，主要作用是将种子从种箱中分离，形成均匀的种子流，完成定量供种；气流分配系统主要由风机、文丘里管、换向弯管、增压管、分配器等组成；智能控制系统主要由单片机、霍尔速度传感器、液晶显示屏等组成。

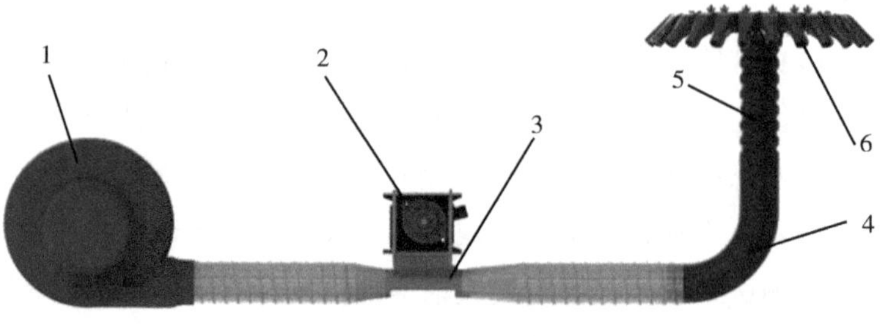


1. 风机；2. 集中定量供种装置；3. 文丘里管；
4. 换向弯管；5. 增压管；6. 分配器。

**图 3-1　气力集排式小麦排种系统总体结构**

### 3.1.2 工作原理

气力集排式小麦排种系统的工作过程分为供种、混合、输送、分配 4 个阶段。通过风机正压气流使文丘里管上部入口保持负压状态，种子自种箱落入集中定量供种装置至充满储种区，集中定量供种装置由驱动电机驱动，在自身重力与负压作用下落入文丘里管，与风机产生的高速气流混合，形成均匀有序的种子流进入换向弯管，正压气流通过增压管将气流与小麦种子混合物送入分配腔室，小麦种子上升与分配器盖板接触，经锥形盖板的分离作用形成种子流进入输种管，完成分配。种子流量通过直流电机调速器调节转速实现，气流速度通过风机控制器调节实现。

## 3.2 集中定量供种装置结构设计

集中定量供种装置是气流输送式排种系统关键部件之一，其性能对播种效果有重要影响，总体结构如图 3-2 所示。主要作用是将种子从种箱内排出并形成均匀的种子流，按照实际播种量要求进行集中定量排种。该排种系统由一个位于种箱下部的外槽轮排种器集中给分配器供种，分配到输种管中。

1. 电机；2. 壳体；3. 槽轮。

**图 3-2　小麦气力集排式精量播施系统**

槽轮型槽的形状、尺寸、个数、工作长度和槽轮转速是影响排种器排量的主要因素，为保证大排量和连续一致排种，槽轮直径较大，为减小槽轮排种的脉动性，槽数不宜过少。综合考虑上述因素，根据相关试验数据，排种轮直径取 100mm，为研究槽轮结构最佳参数，根据排种对象的物理特性，首先确定型槽形状和个数，再确定型槽工作长度。

气力集排式分配系统的播量设计要求为 150～225kg/hm$^2$，即 15～22.5g/m$^2$（记为 $Q$），根据式（3-1），可计算集排式排种器每秒的排量 $Q_1$（g/s）；通过机具田间作业情况，可由式（3-2）计算农艺技术要求排种量 $Q_2$（g/s）。一般要求 $Q_1 = Q_2$。

$$Q_1 = \alpha z l S \gamma n / 60 \tag{3-1}$$

$$Q_2 = Q(1 + \delta) / bv \tag{3-2}$$

式中，$\alpha$ 为槽内种子充满系数；$z$ 为槽轮槽数；$l$ 为型槽有效工作长度，mm；$S$ 为单个型槽的截面积，mm$^2$；$\gamma$ 为种子密度，kg/m$^3$；$n$ 为槽轮转速，r/min；$\delta$ 为地轮滑移系数；$b$ 为直播机工作幅宽，mm；$v$ 为直播机工作速度，m/s。

通过型槽形状设计和播量设计计算，确定槽深 $H$ 为 12mm，槽宽 $L$ 为 29mm，槽最大工作长度 165mm。槽轮轴向采用一端开放一端封闭的设计，与挡圈配合，通过在排种轴上移动调节槽轮的有效工作长度 $l$，实现排量的无级微量调节。

型槽形状确定后，为保证排种轮在充种过程的充种性能，槽轮每槽应尽量充满种子，为此，须满足 2 个条件：一是单个槽在充种区的充种时间足够；二是空腔位置在下一型槽转动到达该位置前被填充。设种子完全填充单个槽需要的时间为 $t_1$，按槽开口竖直方向种子自由落体计算，则最长时间为：

$$t_{1\max} = \sqrt{2L/g} \tag{3-3}$$

式中，$g$ 为重力加速度，取 9.8m/s$^2$，排种轮转过相邻型槽角度需要时间为：

$$t_2 = 60/zn \tag{3-4}$$

要使槽轮充种满足上述 2 个条件，则 $t_{1\max} \leqslant t_2$，式（3-3）和式（3-4）可得 $n \leqslant \dfrac{30}{z}\sqrt{\dfrac{2g}{L}}$，槽数 $z$ 取 5 时，可计算槽轮极限转速 $n_{\max}$ 为 156.5r/min。

# 3.3 分配器关键部件结构设计

## 3.3.1 波纹增压管设计

波纹增压管是排种系统中连接种子-气流混合室与分配器的主要部件，其主要功能是将管内的空气-种子两相流进行扰动并将其打散，保证种子进入分配器前的分布均匀性，结构如图 3-3 所示。

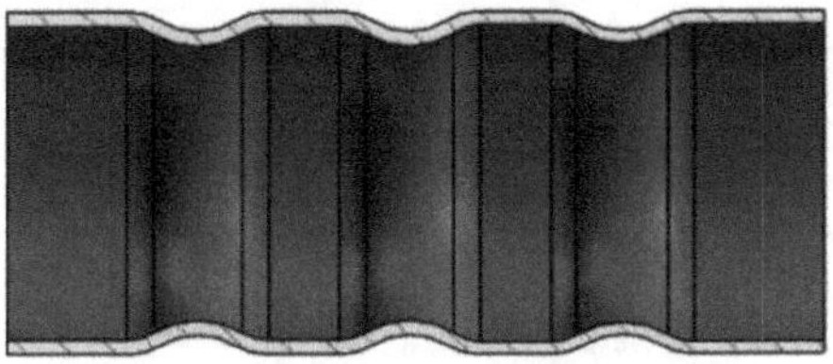

图 3-3　波纹增压管结构图

气力集排式集排器排种量决定分配装置内种子浓度，气力集排式集排器排种量计算式为：

$$q_a = \frac{vBQ_c}{10} \tag{3-5}$$

式中，$q_a$为集排器排种量，kg/h；$v$ 为播种机前进速度，km/h；$B$ 为播种机幅宽，m；$Q_c$为播种机的播量，kg/hm$^2$。

根据田间播种试验可知，小麦播量为 150～225kg/hm$^2$，代入上式可得小麦排种量为 432～1 296kg/h。气力集排式集排器排种量即为分配装置内种子流量，种子流量影响分配装置内种子浓度，波纹增压管内种子浓度计算式为：

$$m_z = \frac{q_a}{3\ 600\pi r^2 \rho_a v_{ac}} \tag{3-6}$$

式中，$m_z$ 为波纹增压管内种子浓度；$r$ 为波纹增压管半径，m；$\rho_a$为输送气流密度，kg/m$^3$；$v_{ac}$为波纹增压管内输送气流速度，m/s。

由式（3-5）和式（3-6）可知，种子浓度计算式为：

$$m_z = \frac{vBQ_c}{36\ 000\pi r^2\rho_a v_{ac}} \tag{3-7}$$

根据式（3-7）可知，分配装置内种子浓度与播种机的作业速度、作业幅宽、播量成正比，与输送气流密度、输送气流速度、波纹增压管半径成反比。集排器排种量一定时，种子浓度越大，越有利于增大分配装置的输送能力，降低输送气流量及波纹增压管的半径，但种子浓度过大，种子易滞留或堵塞波纹增压管及导种口，且输送气流压力损失增加。

确定波纹增压管为圆柱形结构以利于种子稳定输送，波纹增压管内径是影响种子浓度的关键参数，由式（3-7）可得波纹增压管内径计算式为：

$$d_m = \frac{vBQ_c}{36\ 000\pi r^2\rho_a v_{ac}}\left(\frac{1\ 000vBQ_c}{9\pi\rho_a v_{ac} m_z}\right)^{\frac{1}{2}} \tag{3-8}$$

式中，$d_m$为波纹增压管内径，mm。

低压气流输送方式适应于种子由波纹增压管集中输送向分配装置中各导种口均匀分散输送，故小麦种子采用低压气流输送方式，料气输送比应低于 10，为避免种子滞留或堵塞输种管，设置料气输送比小于 3。气流输送速度应大于小麦种子的悬浮速度，小麦种子悬浮速度为 8.9～11.5m/s，小麦种子输送气流速度为 18～30m/s，播种机高速作业小麦最大排种量为1 296kg/h，代入式（3-8）计算可得波纹增压管内径应大于 80.42mm。

综合考虑分配装置整体结构及与不锈钢直通接头螺纹连接匹配，并满足小麦种子低压气流输送方式要求，确定波纹增压管内径为 81mm。根据小麦种子浓度情况，以波纹增压管内径及小麦种子输送气流速度为依据，确定波纹增压管所需输送气流流量为：

$$Q_a = \frac{9v_a\pi r^2}{2\ 500} \tag{3-9}$$

式中，$Q_a$ 为波纹增压管所需输送气流流量，$m^3/h$。

以小麦种子满足高速播种要求的输送气流速度为设计要求，波纹增压管内输送气流速度为 30m/s，分配装置所需输送气流流量为 556.52$m^3/h$。根据气力输送原理，气力集排式排种系统气流流量增加 10%冗余以保证足够输送气流来源，则满足分配装置高速排种的输送气流流量 $Q_a$ 为 612. 17m$^3$/h。

### 3.3.2　分配器设计及计算

分配器是气力集排式排种系统中的关键部件，种子-空气两相流的通过能力及分布均匀性很大程度上取决于分配器的内部结构。工作时，高速气流将种子由导流管送入到分配器腔体，然后经分配器出口（根据播种机行数确定出口数）均匀分配到各个输种管中，分配器结构的合理性是保证种子均匀分配的基础。

穹顶状分配装置主体由导流隔板、导种口、穹顶状上弧板、穹顶状下弧板等组成。导种口结构影响种子输送浓度及迁移轨迹，种子与输送气流两相流由波纹增压管进入穹顶状上弧板与穹顶状下弧板形成的区域，由导种口排出，分配装置主体实现 24 行排种，根据低压气流输送特性，导种口内种子浓度计算式为：

$$m_g = \frac{vBQ_c}{864\ 000 h_i w_i \rho_a v_g} \tag{3-10}$$

式中，$m_g$ 为导种口内种子浓度；$h_i$ 为导种口高度，m；$w_i$ 为导种口宽度，m；$v_g$ 为导种口内输送气流速度，m/s。

由式（3-10）可知，导种口的宽度、高度与分配装置内种子流量成正比，与导种口内输送气流的密度、速度成反比。导种口流域截面面积低于波纹增压管流域截面面积，则导种口内输送气流速度高于波纹增压管内输送气流速度。

为降低导种口对输送气流压力的影响，并提高输送气流输送种子效率及稳定性，导种口的宽度、高度尺寸应近似，结合式（3-10）及播种机高速作业小麦最大排种量、排种口、输种管的结构尺寸，计算导种口的宽度为 18~22mm、高度为 14~26mm。为降低因分配装置主体至排种口的截面突变对种子稳定迁移轨迹的影响，取导种口长度为 15mm，以实现有效过渡导流。取导种口长度 $l$ 为 15mm，以实现有效过渡导流。

# 3.4 运行条件对排种精度的影响分析

## 3.4.1 输种管长度的影响

固定风机输出气流速度为25m/s，排种器转速为20r/min，测试不同输种管长度对排种精度的影响，试验方案如表3-1所示。试验采用的条件为改变单独一根输种管长度（基本长度为1.5m，以0.25m为梯度变化），连续试验时间为30s，重复3次，称重并计算各行排量一致性变异系数和总排量稳定性变异系数。

表3-1 输种管长度对排种精度的影响

| 序号 | 输种管长度/m | 排量一致性变异系数 $y_1$/% | 排量稳定性变异系数 $y_2$/% |
|---|---|---|---|
| 1 | 0.75 | 17.23 | 0.80 |
| 2 | 1.00 | 16.59 | 0.77 |
| 3 | 1.25 | 13.28 | 0.88 |
| 4 | 1.50 | 8.21 | 0.54 |
| 5 | 1.75 | 14.57 | 0.91 |
| 6 | 2.00 | 15.39 | 0.89 |
| 7 | 2.25 | 16.16 | 0.79 |

试验结果表明，当所有输种管具有相同的长度和相同的管内阻力时，各行排量一致性变异系数最小，可获得最佳的排种精度。当输种管长度变化时，根据伯努利定律，与相邻出口相比，输种管内气流平均流速随着输种管长度变化而变化，通过该管道的种子数量也成比例变化。输种管变长，输种管内阻力增大，通过该管道的种子数量比其他管道少；输种管变短，输种管内阻力减小，通过该管道的种子数量比其他管道多，这两种情况都导致了各行排量一致性变异系数和总排量稳定性变异系数增大。

## 3.4.2 气流速度的影响

气流速度对种子的输送起关键作用，结合前期研究发现，种子流量与气流速度相对应至关重要。为保证种子在分配器中可以达到正常输送，需对最小气流速度和种子颗粒悬浮速度进行计算。

气流速度计算公式为：

$$v_a = K_L\sqrt{\rho} + K_d L \tag{3-11}$$

式中，$K_L$ 为小麦粒度系数，取 16；$\rho$ 为种子密度，kg/m³；$K_d$为物料特性系数，小麦为 $2\times10^{-5}\sim5\times10^{-5}$；$L$ 为输种管长度，m。

种子临界漂浮速度计算公式为：

$$v_t = \frac{1}{\sqrt{K_a}}\sqrt{\frac{4gd_s(\rho - \rho_g)}{3\rho_g C}} \tag{3-12}$$

式中，$v_t$为种子临界漂浮速度，m/s；$K_a$ 为不规则形状物料修正系数，取 1.5；$g$ 为重力加速度，取 9.8m/s²；$d_s$为小麦种子平均粒径，取 5mm；$\rho$ 为小麦种子密度，取 $1.37\times10^3$kg/m³；$\rho_g$为标准状态下空气密度，kg/m³；$C$ 为黏性阻力系数，取 0.44。

由此计算得出种子临界漂浮速度 $v_t$为 9.51m/s，实际工作时，气流在弯管及增压管处存在压损，且随种子流量增大阻力亦随之增加，因此取气流速度大于临界漂浮速度的 2 倍，即 $v_a\geqslant$20m/s。

为明确种子流量与气流速度对排种精度的影响，以各行排量一致性变异系数和总排量稳定性变异系数为指标，设计了全面试验，连续试验时间为 30s，重复 3 次，称重并计算各行排量一致性变异系数，试验结果如表 3-2 所示。

**表 3-2　不同气流速度和排种器转速下各行排量一致性分析**　　单位：%

| 气流速度 | 排种器转速 | | | | | |
|---|---|---|---|---|---|---|
| | 5r/min | 10r/min | 15r/min | 20r/min | 25r/min | 30r/min |
| 20m/s | 8.41 | 7.87 | 9.19 | 12.37 | 14.51 | 16.43 |
| 25m/s | 10.06 | 8.04 | 7.94 | 10.53 | 12.11 | 14.87 |
| 30m/s | 11.21 | 10.07 | 8.13 | 7.71 | 11.55 | 14.11 |

由表 3-2 可知，给定流量的最佳排种精度只能在精确确定的气流速度

值下获得。为观察气流速度和种子流量对分配精度的影响，对排种器转速进行单因素试验，采用高速摄影技术拍摄不同种子流量在文丘里管中的运移行为（图 3-4）。当排种量一定时，各行排量一致性变异系数随气流速度增大而减小；当气流速度一定时，各行排量一致性变异系数随排种量增大先减小再逐渐增大。分析原因，低速气流不能产生足够的动能来稳定种子颗粒并给它们正确的方向，在低速情况下，由于反弹、离心力、颗粒间碰撞等因素，颗粒的初始方向决定了颗粒的方向；高速气流加剧了种子间及种子与管壁之间的碰撞，导致进入分配器入射角度不同，不足以稳定分配器前种子流量，进而影响了排种精度。因此，对于任何结构形式的分配器，根据农艺要求给定的播种量，都有一个最佳气流速度与之匹配，此时可获得较高的排种精度。

排种器转速=10r/min

排种器转速=20r/min

排种器转速=30r/min

**图 3-4 不同种子流量在文丘里管中的运移行为**

### 3.4.3　分配器倾斜角度的影响

为了研究种子颗粒在倾斜管道中的运动，取分配器主体中心点的种子质点进行受力分析，质点受力如图 3-5 所示。空气动力阻力的合力 $F_m$ 与分配器同轴，对于倾斜输送，建立质点的受力平衡方程，以及种子在 $x$ 轴方向的加速度：

$$\begin{cases} ma = G\sin\alpha + F_a - F_b \\ G\cos\alpha = F_m \\ G = mg \end{cases} \tag{3-13}$$

$$a = g\sin\alpha + \frac{F_a - F_b}{m} \tag{3-14}$$

式中，$a$ 为质点在 $x$ 轴方向加速度，$m/s^2$；$G$ 为质点重力，N；$\alpha$ 为重力与方向与 $y$ 轴的夹角，(°)；$F_a$为气流对种子右侧的阻力，N；$F_b$为气流对种子左侧的阻力，N；$F_m$为气流对种子沿送料管方向的阻力，N；$m$ 为种子质量，kg；$g$ 为重力加速度，$m/s^2$。

根据气固两相流中固体颗粒的受力规律，随着倾斜角度的增大，重力的影响增大。打破了分配器在无倾斜状态下种子随机均匀分配到各排种口的趋势，增加了种子向 $x$ 轴正方向即倾斜方向运动的趋势，从而使种子从位于 $x$ 轴正方向的排种口排出概率增加。

为明确分配器倾斜角度对排种精度的影响，在气力集排试验台上开展分配器不同倾斜角度下对排种性能影响的模拟试验。试验在分配器 0°、10°和 25°倾斜角度（图 3-6）的标准条件下测试。连续试验时间为 30s，重复 3 次，称重并计算各行排量一致性变异系数，试验结果雷达图如图 3-7 所示。

由图 3-7 试验结果表明，分配器倾斜角度变化对排种精度有显著影响，种子颗粒在输送过程中向倾斜方向移动，各行排种质量一致性变异系数随倾斜角度的增大而逐渐增大，分配器排种精度降低。由式（3-14）可知，倾斜角度的增大改变了重力和空气动力的比值，影响了质点运动的性质。

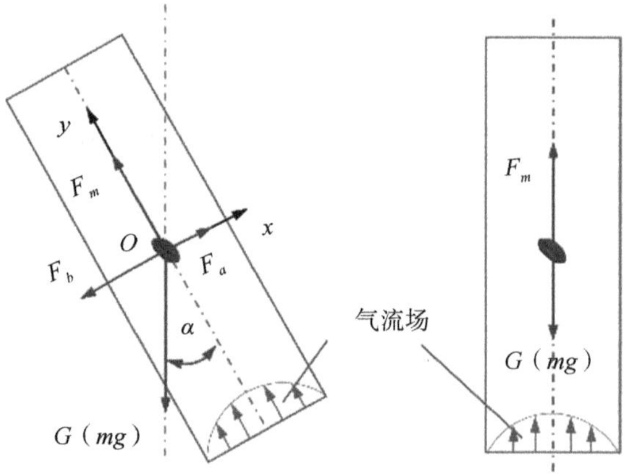


"→"表示气流输送方向；$O_{xy}$为坐标系。

**图 3–5　倾斜和垂直管道中种子受力分析**

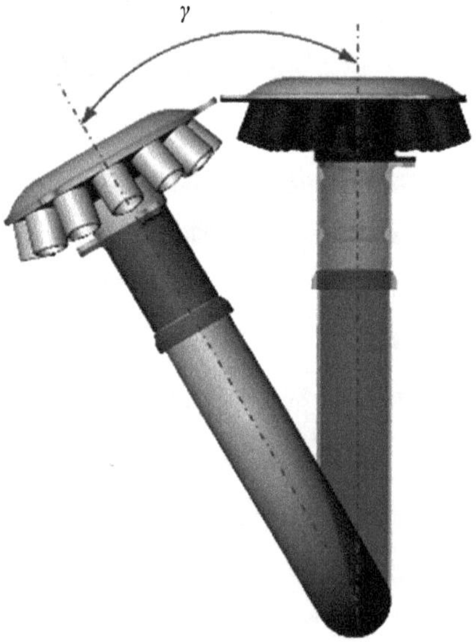


**图 3–6　分配器倾斜角度测试**

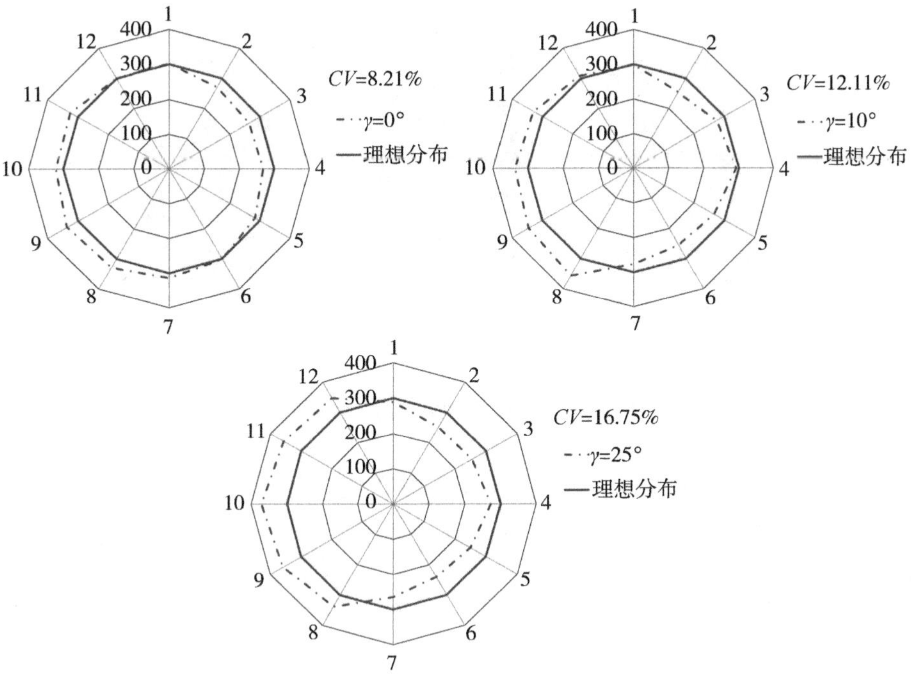


**图 3-7　不同倾斜角度下各行排种质量及其一致性变异系数**

# 3.5　分配器结构对分配精度的影响分析

## 3.5.1　增压管结构的影响

种子颗粒从换向弯管出来后，种子颗粒在气流作用下继续向上到达分配器。试验中发现增压管结构变化对分配器排种精度有较明显影响，其构建了额外的涡流效应，合理的增压管结构可明显提高气力集排分配器排种精度。为探究增压管结构对气力集排分配器排种精度影响规律，设计了 3 种不同结构形式的增压管（图 3-8），长度均为 0.3m，并对图 3-8（c）的波纹管进行了不同长度的试验，气流速度和种子流量均选取 3.4.2 试验结果中较好水平，即 $v_a=20$m/s，排种器转速 20r/min。

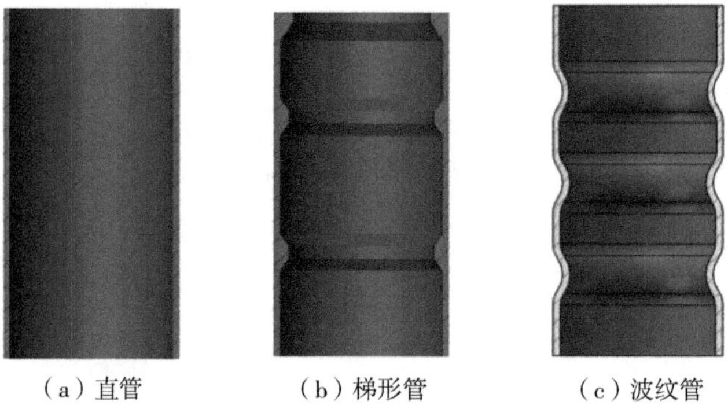


**图 3-8　不同结构形式增压管剖面图**

由图 3-9 试验结果可知，增压管结构变化对分配器排种精度有较明显不同增压管结构对提高气力集排分配器排种精度影响大小依次为影响，波纹

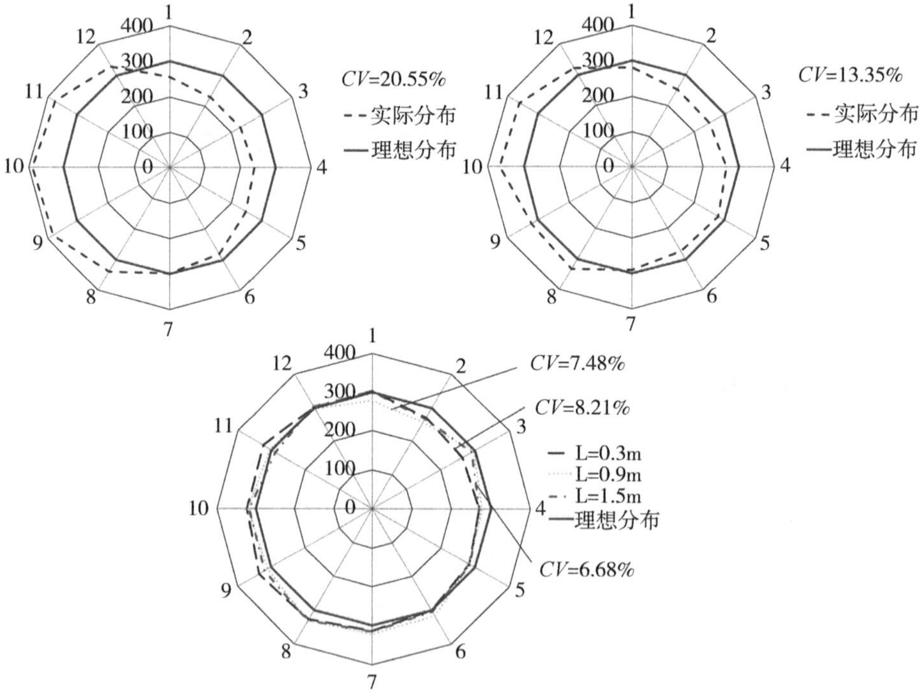


**图 3-9　不同增压管结构的分布场和变异系数**

管、梯形管、直管。这是由于波纹管可连续改变种子在管道中运移方向，增加了种子与管壁的碰撞次数，使得种子在进入分配器之前呈现较为理想的均匀种子流状态。不同波纹管长度的试验表明，当波纹管长度为 1.5m 时，变异系数 *CV* 最小为 6.68%，随着波纹管长度增加，各行变异系数逐渐减小。

### 3.5.2　换向弯管的影响

气流在弯管内的运动是分配系统中较为复杂的部分之一，弯管段形成颗粒束，并且使该区域内气流速度降低。目前，国内学者针对颗粒在 90°弯管内的运动特性做了相关研究。宋学锋等（2018）借助 CFD-DEM 耦合，对颗粒在弯管内碰撞次数及能量损失进行统计并分析，结果表明颗粒与壁面碰撞为主要能量损失来源。相关试验表明，长半径弯管的压损高于短半径弯管，但使用长半径弯管时分配器的排量变大。根据相关学者研究表明，弯管半径对压强损失和各行排量一致性变异系数有显著影响。

为分析弯管半径对分配器一致性变异系数的影响，获得颗粒在非垂直管道中的运动规律，找出影响种子均匀分配的因素，设计了 3 种半径不同的弯管，弯径比为 *R/D*，试验在标准条件下测试。连续试验时间为 30s，重复 3 次，称重并计算各行排量一致性变异系数。通过高速摄影试验发现种子颗粒流并不是沿直线向管道内壁方向移动，而是沿着两侧壁向内移动，种子颗粒弯管内轨迹如图 3-10 所示，试验结果如表 3-3 所示。

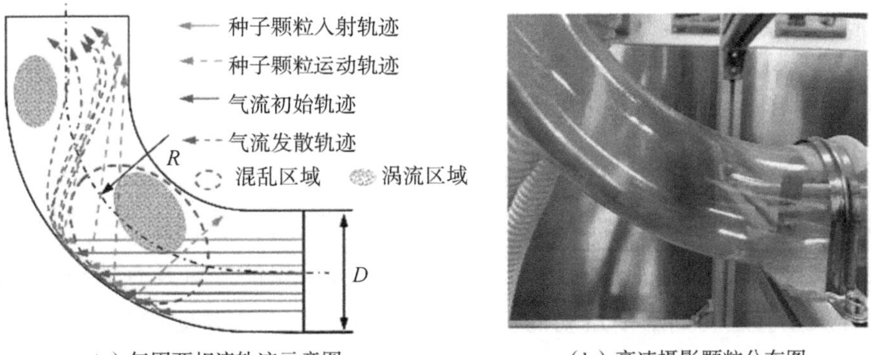


(a) 气固两相流轨迹示意图　　(b) 高速摄影颗粒分布图

**图 3-10　种子颗粒弯管内轨迹**

表 3-3　不同弯径比条件下的各行排量一致性分析　　单位：g

| 试验序号 | $R/D=3$ | $R/D=6$ | $R/D=10$ |
|---|---|---|---|
| 1 | 308 | 426 | 401 |
| 2 | 310 | 410 | 403 |
| 3 | 314 | 387 | 390 |
| 4 | 311 | 337 | 347 |
| 5 | 350 | 335 | 336 |
| 6 | 372 | 340 | 325 |
| 7 | 357 | 336 | 306 |
| 8 | 367 | 331 | 331 |
| 9 | 426 | 302 | 340 |
| 10 | 434 | 341 | 359 |
| 11 | 412 | 355 | 351 |
| 12 | 318 | 366 | 353 |
| $S$ | 46.56 | 35.80 | 30.42 |
| $CV$,% | 13.15 | 10.07 | 8.61 |

从表 3-3 中可以看出弯管半径增大，种子在弯管中的阻力相应减少，各行排量一致性变异系数随之减小。但根据前人研究，弯径比越大，物料撞击管壁内侧的次数也越多，其磨损和压损就越大。综合以上分析，当$R/D=6$时，经济性最高。

### 3.5.3　锥形盖板的影响

正压气流通过波纹管将气流与小麦种子混合物送入分配器，小麦种子上升与分配器盖板接触，经锥形盖板的分离作用在水平方向上 360°散射形成均匀的种子流进入对应的输种管。种子进入分配器的入口具有缓和的构造，以在从垂直运动到水平运动的显著过渡期间减少湍流并促进分配器内的层流。根据已有专利，锥形盖板和盖板上的导流板可以改变现有技术的不足，这是一个有效解决分配器排种精度低问题的方案。为验证锥形盖板对分配器排种精度的影响，笔者设计了锥形盖板，固定风机输出气流速度为 25m/s，排种器转速为 20r/min，测试锥形盖板对分配器排种精度的影响，试验采用 Photron Fastcam UX50 高速摄像系统拍摄种子颗粒在锥形盖板分配器中的运移行为，同时采用离散元软件 EDEM 仿真生成其流场分布图（图 3-11），仿真时设定与试验相同条件，得到了近似相同的结果。

由图 3-11 可直观地看到，分配器分配到每行中所对应的种子数量差距明显，试验重复 3 次，各行排量一致性变异系数均值为 26.36%，对各行排量一致性变异系数并没有明显改变。是由于种子颗粒在气流带动下经过变相弯管和增压管并没有完全形成均匀向上的种子流，种子颗粒浓度分布在锥形盖板截面上时锥形突起反而被视为障碍物，增加了种子偏转因素。因此，试验结果表明锥形盖板对分配器中种子颗粒运移行为的影响与弯管和增压管密切相关，单独改变锥形盖板结构对气力集排分配器排种精度影响不大，甚至会增加各行排量一致性变异系数。

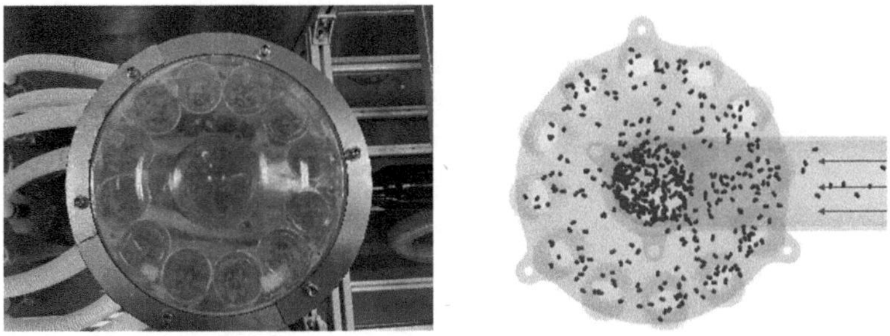

（a）高速摄像　　（b）EDEM仿真模型

**图 3-11　种子颗粒在锥形盖板分配器中的运移行为**

## 3.6　本章小结

本章主要针对现有装置横向分配精度低、种子破损多、堵塞风险高等问题，设计了气力集排试验装置，以输种管长度、气流速度、种子流量和倾斜角度为运行条件，以增压管、换向弯管和锥形盖板为结构参数，构建不同分配模型，进行气力集排播种机分配器的种子分配试验。试验分析了在持续气流作用下，种子颗粒在分配器中的运动轨迹及各行排量一致性变异系数，研究了各因素对气力集排分配器排种精度影响规律，探究了各因素在气力集排分配过程中的作用和机理。研究结果可为气力集排式分配器结构优化提供理论依据和设计参考，为气力集排播种机的设计提供技术支撑。

# 第 4 章　末端有序导种排种器总体设计

提升农作物种植品质与农业生产效益的关键是使用高速精量播种装备，而排种器作为播种设备的主要零件更是至关重要。当前我国的小麦播种常采用条播方式，存在脉动性高、均匀性差的问题，关于小麦精准播种的相关研究却相对有限。尽管中央气力输送集中分配技术能在一定程度上改善播种的一致性，但是其本质仍然是以条播方式播种，在土壤中很难实现有规律且均衡的麦种布局，并不能充分发挥出小麦的分蘖潜力。因此，需要在播种机末端设有精量装置对种流再次分配，提高播种质量。针对前述问题，笔者根据小麦种子物理特性和农艺要求，设计了一种末端有序导种排种器。

## 4.1　排种器整体结构和工作原理

图 4-1a 为末端有序导种排种器结构示意图，主要由电机、前壳体、隔板、取种盘、后壳体、底座等部件组成。排种器由伺服电机驱动，保证可精确控制转速。整个工作过程可分为四个阶段：充种阶段、护种阶段、清种阶段、排种阶段，如图 4-1b 所示。在气力作用下，小麦种流经充种管道进入到腔室落至充种区。当取种盘经过充种区时，其上所设导种槽结构可对种群进行扰动和引流，种子沿着导种槽弧线流向型孔。型孔处设有通孔结构，腔室内有正压气流存在，因此在通孔处会产生压附力作用。当型孔机械构造和通孔处气力压附共同作用来实现填充过程时，种子稳定地压附于型孔中，并且会随着取种盘持续移动。分隔板把腔体空间划分成回流区域与排种区域，在种子清除过程中，非目标种子会在离心力的影响下被清除掉，然后通过回流区域重新返回到种群中，目标种子能稳定移动到排种区域从而顺利落下，

种子呈现出有秩序地流动和均匀分布的状态。

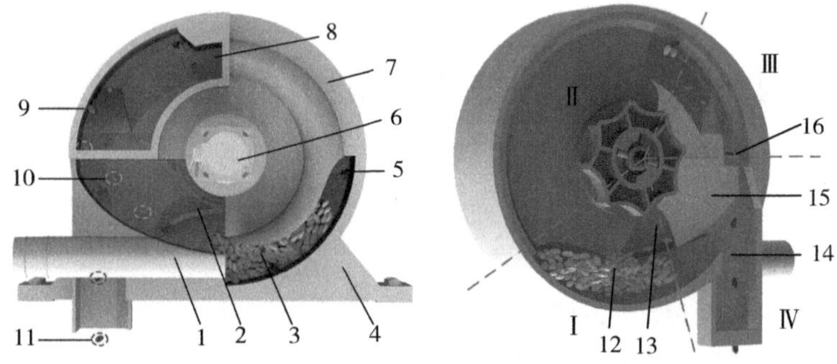


（a）整体结构设计　　（b）工作过程划分

1. 进种通道；2. 取种盘；3. 种群；4. 支撑座；5. 目标种子；6. 电机；7. 壳体；8. 观察窗；9. 非目标种子；10. 重回种群的非目标种子；11. 均匀流动的目标种子；12. 充种区；13. 回流区；14. 排种区；15. 分隔板；16. 种子初始下落位置；Ⅰ. 充种阶段；Ⅱ. 护种阶段；Ⅲ. 清种阶段；Ⅳ. 排种阶段。

**图 4-1　排种器整体结构和工作原理**

根据种子不同的运动姿态，可将充种过程分为引导充种和稳定夹持两个阶段，如图 4-2a 所示。引导充种指种子在取种盘经过充种区时沿着导种槽弧线流向型孔；稳定夹持指种子稳定夹持在型孔内跟随取种盘运动。

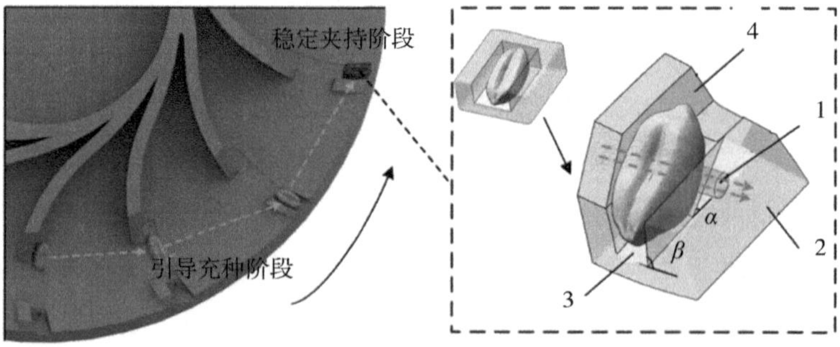


（a）充种过程不同阶段　　（b）种子夹持姿态

1. 通孔；2. 正压气流；3. 型孔；4. 上挡板；$\alpha$. 内侧面充种角；$\beta$. 下侧面落种角。

**图 4-2　充种过程示意图**

如图 4-2b 所示，传统的孔状结构排种器的取种方式是让目标种子平躺置于孔洞中，仅由孔状结构的固定作用来支撑，这使得其受力状态稳定性较弱，容易在清种过程中被移除而产生缺种、少种现象。此外，由于种子被整个孔状结构全覆盖，因此其在充种空间内灵活度较低，在落种过程中易发生撞击和旋转现象从而导致偏离原本的路径，影响种子分布的均匀性。设计理念是在取种阶段使种子呈仰卧姿态，不仅依靠型孔结构提供稳定的固定作用，还设有通孔结构，通过内部压力差异形成的附加压力进一步提高填充的效果，并有效防止目标种子被误移出。同时下侧面设有一定斜度，增加种子可活动性部分，引导种子平缓下落。

# 4.2　排种器关键部件结构设计

## 4.2.1　取种盘直径及型孔数量

取种盘是实现小麦精量播种的关键部件，其直径大小对排种器整体结构尺寸、型孔数量和离心力有至关重要的影响，如图 4-3 为取种盘结构示意图。

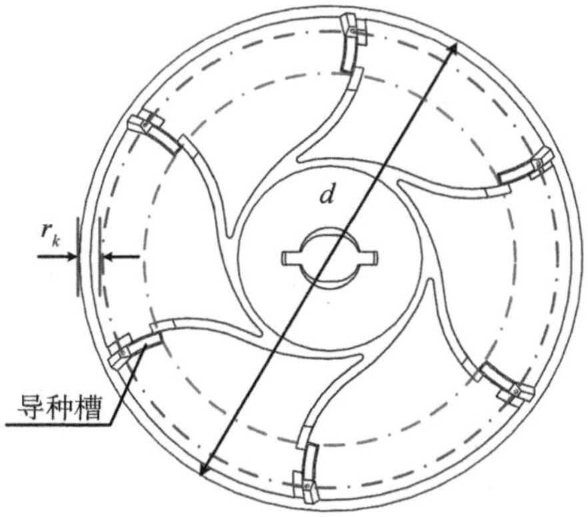


$r_k$为型孔中心到种盘边缘的径向距离，mm；$d$ 为取种盘直径，mm。

**图 4-3　取种盘结构示意图**

建立取种盘直径与充种时间的关系如下：

$$\begin{cases} t_f = \dfrac{l_f}{v} \\ l_f = \delta\left(\dfrac{d}{2} - r_k\right) \\ v = \dfrac{\pi n}{30}\left(\dfrac{d}{2} - r_k\right) \end{cases} \tag{4-1}$$

式中，$t_f$ 为型孔通过充种区需要的时间，s；$l_f$ 为充种区对应的弧长，mm；$v$ 为取种盘的线速度，m/s；$\delta$ 为充种区对应的角度，rad；$d$ 为取种盘的直径，mm；$r_k$ 为型孔中心到种盘边缘的径向距离，mm；$n$ 为取种盘的转速，r/min。

由式（4-1）可得：

$$t_f = \frac{30\delta}{\pi n} \tag{4-2}$$

根据式（4-2），可以看出，充种区域需要的时间 $t_f$ 只与充种区角度 $\delta$ 和取种盘的转速 $n$ 有关，而不直接受取种盘直径大小的影响。但在充种区角度对应弧长一定下，取种盘直径越大，其上所设的型孔数目就越多，同时当播种株距确定时，型孔数目会影响转速的大小，从而影响充种时间。排种器采用离心清种的方式，不同的转速下会产生不同的清种效果，因此再分别建立转速与离心力、转速与型孔数量之间的关系方程：

$$\begin{cases} f_r = \omega^2(r - r_k) \\ \omega = 2\pi n \end{cases} \tag{4-3}$$

$$n = \frac{v_p}{z l_z} \tag{4-4}$$

式中，$f_r$ 为取种盘高速旋转产生的离心力，N；$\omega$ 取种盘的角速度，rad/s；$r$ 为取种盘半径，mm；$v_p$ 为播种机前进速度，m/s；$z$ 为型孔数目；$l_z$ 为株距，m。

式（4-3）求解得：

$$f_r = 4\pi^2 n^2 (r - r_k) \tag{4-5}$$

由式（4-4）和式（4-5）可知，当充种区角度对应弧长一定时，取种盘直径越大，其上所设的型孔数目就越多，取种盘的转速就越低，产生的离心力就越小，不利于清种多余种子，易造成重播现象，同时取种盘直径增大会影响整体结构尺寸，耗材较大。如果取种盘的直径减小，那么对应的型孔数量就会减少，这会导致取种盘转速需要增大，每个型孔的种子填充周期缩短，这对种子填充效果不利，容易出现缺失的情况，而且过高的排种速度也会导致更多的能量损耗。目前常见的取种盘尺寸是 80~260mm，对整体结构综合考虑后选取取种盘直径为 160mm，其上均匀分布 6 个型孔。

## 4.2.2　型孔处部分结构尺寸参数

为有效单粒捕捉到种子，型孔尺寸应根据小麦种子尺寸进行设计。首先对小麦种子外形尺寸进行测量和统计分析，测量种子所用品种为济麦 22，随机计数 500 粒小麦种子，利用五轴仪、电子天平进行扫描测量，测量结果如表 4-1 所示。麦粒属于三轴尺寸不等的物料，物理特性主要包括千粒重和等效直径。

千粒重是以克表示的 1 000 粒种子的重量。等效直径是将小麦种子颗粒拟合成球体时，该球体的直径。采用等效直径概念能更好地反映出种子的三维空间形状特征，其计算方法如下：

$$D_z = \sqrt[3]{lbd} \qquad (4-6)$$

式中，$D_z$为等效直径，mm；$l$ 为种子长度，mm；$b$ 为种子宽度，mm；$d$ 为种子高度，mm。

**表 4-1　小麦种子的物理特性参数**

| 参数 | 平均值 | 标准差 | 最小值 | 最大值 |
|---|---|---|---|---|
| 长/mm | 6.54 | 0.61 | 4.66 | 7.45 |
| 宽/mm | 3.23 | 0.52 | 2.52 | 4.11 |
| 高/mm | 3.11 | 0.49 | 2.12 | 3.79 |
| 等效直径/mm | 3.98 | 0.40 | 3.32 | 4.67 |
| 千粒重/mm | 42.40 | 0.38 | 39.80 | 44.80 |

如表 4-1 所示，测得所选种子的长度、宽度、高度和等效直径的平均值分别为 $l_a=6.54\text{mm}$，$b_a=3.23\text{mm}$，$d_a=3.11\text{mm}$，$D_z=3.98\text{mm}$。

根据种子外形尺寸及种子夹持后的理想姿态（图 4-2b），型孔处各结构尺寸（图 4-4）应满足下式：

$$\begin{cases} 0.8l_a < L < l_a \\ b_a < B < 1.2b_a \\ 0.8h_a < H < 1.2d_a \\ L < M < 1.2l_a \\ 0.5l_a < N < 1.2l_a \end{cases} \tag{4-7}$$

根据式（4-7）可知，型孔长度 $L$ 在该范围时能保证在长度方向上仅容纳一粒种子，同理，型孔宽度 $B$ 也依此设计。型孔高度 $H$ 在此范围能保证种子进入型孔后其重心在型孔内。型孔上侧挡板要保证能覆盖住整个目标种子，同时减少夹持多余种子的数量，降低清种难度。内侧面所设通孔直径要保证能提供足够压附力的同时减小其面积，防止种子边缘陷入其中。导种槽的深度对种子的搅动效果影响较大，导种槽过浅无法充分搅动种群，导种槽过深容易使种子陷入导槽内，故导种槽深度 $h$ 应小于 $0.1D_z$。

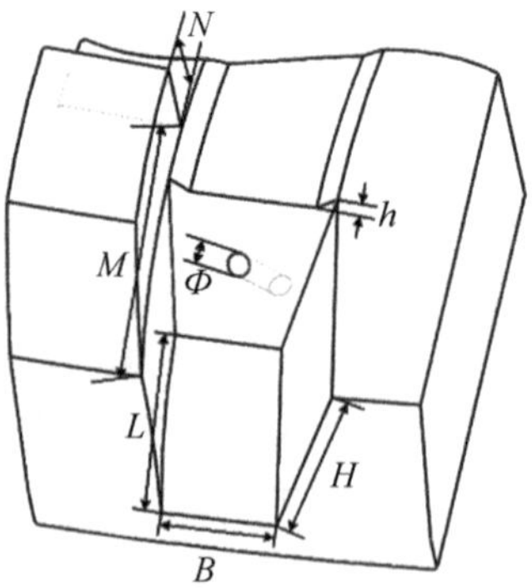


*L*. 型孔长度；*B*. 型孔宽度；*H*. 型孔高度；*M*. 挡板长度；
*N*. 挡板高度；*Φ*. 通孔直径；*h*. 导种槽深度。

**图 4-4　型孔结构各尺寸参数**

依据对种子实际测量数据分别取型孔长度 $L$ 为 5.5mm，型孔宽度 $B$ 为 3.5mm，型孔高度 $H$ 为 3.2mm，挡板长度 $M$ 为 6.5mm，挡板高度 $N$ 为 3.5mm，导种槽深度 $h$ 为 0.2mm。

# 4.3　充种过程分析

## 4.3.1　种子受力分析

在种子填充过程中，种群会受到气流场、颗粒场和重力场的联合影响，其受力情况相当复杂。在颗粒流场系统中，每个颗粒都会受到流体、相邻颗粒和外界物体的作用力。因此可将这两部分作用效果拆分研究，分别为流体作用下的运动和其他颗粒及外界物体作用下的运动。其中前者主要是指漂浮移动现象的发生，后者的表现形式则为各种撞击现象对于颗粒的移动产生直接或者间接性的影响力。流场对颗粒的作用力主要包括曳力、浮力、压力梯度力、Bassetli 力、Magnus 力和 Saffman 力等多个力的共同作用。种子在气流场中受到的曳力是种子与流体之间相互作用的基本力，在流体和固体之间的相对速度较低的情况下，其他力可以忽略不计，重点研究流场对种子的曳力作用。曳力对种子的作用效果如下：一是引导种子从种群脱离向型孔处运动，最终充入型孔；二是保持种子稳定地压附在型孔上，防止被离心作用误清除。曳力的表达式如下：

$$F = C\frac{1}{2}\rho U^2 A \tag{4-8}$$

式中，$F$ 为种子在气流场中受到的曳力，N；$C$ 为绕流物的阻力系数；$\rho$ 为流体密度，kg/m$^3$；$U$ 为气流速度，m/s；$A$ 为气流施加于颗粒上的有效面积，m$^2$。

在种子填充过程当中，大部分的种间相互作用力都呈现出抵制的状态。当种子开始朝着型孔结构处前进时，仅有一小部分接近型孔处的种子有机会被吸入其中，其余的大多数则以种间内部摩擦的形式阻止这一进程。与此同时，那些距离型孔处较近且具有种子填充倾向的目标群体之间也会产生一种

“竞争”关系，它们彼此之间相互影响，直至趋势最明显的目标种子成功地排挤掉趋向较弱的种子并稳固地吸附于型孔处。所以在种子向型孔移动的过程中，增大气流作用效果即提高曳力可以有效提高充种概率。此外，也可以通过外部力量来打乱原本稳定的种群聚集状况，减轻种子之间的抵抗效应，从而进一步提高种子填充的可能性。因此，所设计结构在充种过程中采用机械气力复合充种的方式，其中机械结构包括具有一定深度的导种槽和型孔槽。当取种盘经过充种区时，机械结构可以有效扰动种群，从而使它们在一定区域内“沸腾”，特别是打散型孔周围种群的堆积状态，增大种群颗粒间的距离，降低充种过程中来自种群的阻力，同时利用气流提供曳力辅助充种，有效提升充种效果。

## 4.3.2　种子运动过程分析

充种是保证排种器作业效果的关键环节。在排种器结构理论下，种子顺利进入型孔的过程中，充种角度即型孔内侧面的倾斜度起着关键作用。因此，需要对种子进入型孔的运动情况进行详细分析（图 4–5）。

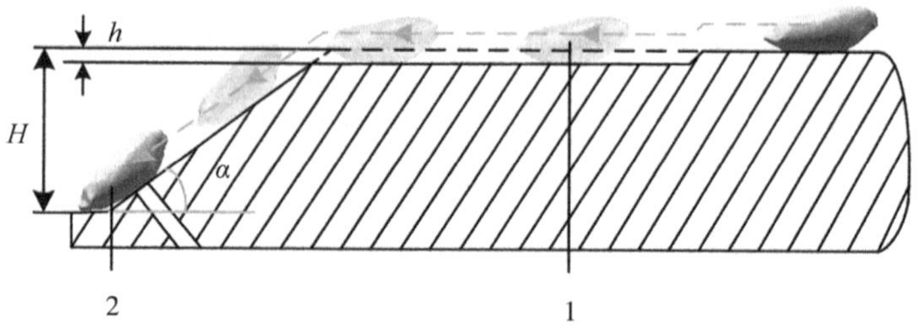


1. 种子在导种槽的引导作用下移动；2. 目标种子被稳定压附住。

**图 4–5　充种过程示意图**

如图 4–5 所示，设定种子落入型孔所需的时间为 $t$，它在水平方向上以均匀速度进行直线运动，在竖直方向上做自由落体运动，运动方程为：

$$\frac{H-h}{\tan\alpha}=v_a t \tag{4-9}$$

$$H-h=\frac{1}{2}gt^2 \tag{4-10}$$

式中，$H$ 为型孔高度，mm；$h$ 为导种槽深度，mm；$v_a$为种子水平初速度，m/s；$g$ 为重力加速度，m/s$^2$。

整理得：

$$v_a = \frac{1}{\tan\alpha}\sqrt{\frac{g(H-h)}{2}} \tag{4-11}$$

此时取种盘型孔处的线速度 $v_x$为：

$$v_x = \frac{\pi n(r-r_k)}{30} \tag{4-12}$$

式中，$r$ 为取种盘半径，mm；$r_k$ 为型孔中心到种盘边缘的径向距离，mm；$n$ 为取种盘转速，r/min。

为了确保种子能够成功进入型孔，取种盘型孔处的速度 $v_x$必须小于种子落入型孔内所需要的水平方向速度 $v_a$，可以得到：

$$v_x < v_a \tag{4-13}$$

整理得：

$$\tan\alpha < \frac{15\sqrt{2g(H-h)}}{\pi n(r-r_k)} \tag{4-14}$$

由此可得出结论，当型孔高度 $H$、导种槽深度 $h$、取种盘半径 $r$ 和型孔中心到种盘边缘的径向距离 $r_k$保持不变时，型孔内侧面充种角 $\alpha$ 与取种盘转速为负相关关系。当转速提高时，充种角 $\alpha$ 变小，即型孔内侧面更加平缓，充种空间变大，更有利于引导种子进入型孔，抵抗转速提高这一不利充种因素。因所设计的排种器结构，种子在型孔内处于仰卧状态，在通孔直径和通入气压一定下，型孔内侧面充种角会影响种子在型孔内受到沿取种盘径向力。因此，将结合携种过程进一步分析充种角的影响，综合考虑选取合理范围。

### 4.3.3　充种空间分析

在完成种子填充工作后，如果型孔固定住两粒或更多的种子，那么多粒种子之间就会相互产生影响，导致种子受力情况不稳定，难以确保填充质量。通常情况下，种子是垂直的插入型孔中，因此需要对型孔侧面的落种角度进行设计，以确保型孔内的充填空间不能稳定固定住多个种子（图 4-6）。

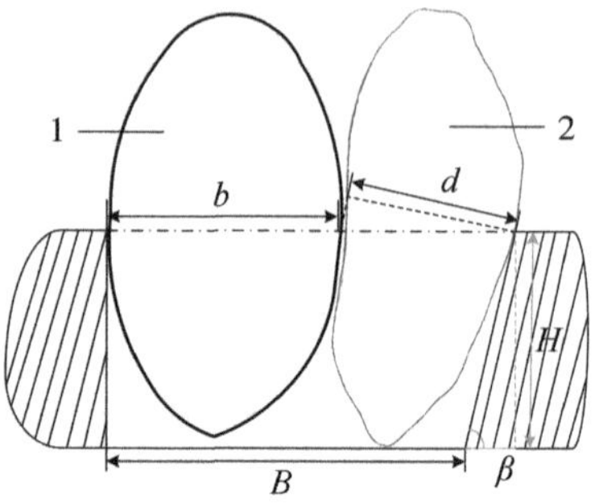


1. 目标种子；2. 多余种子。

**图 4-6　型孔夹持两粒种子示意图**

如图 4-6 所示，种子在进入型孔后，大多数情况下种子会以宽度方向的形式占据填充空间。由于种子的高度通常低于宽度，所以只需要确保其余种子在高度方向上无法全部进入到型孔充种空间中即可。当第 1 粒种子占据最大空间且第 2 粒种子恰好充入型孔时，型孔在此剖面方向上的总宽度为 $B + H/\tan\beta$，种子在此剖面方向上的总宽度为 $b + d/\sin\beta$。为了保证其余种子不会全部进入填充空间，需要型孔在此剖面上的宽度小于种子在此剖面上的宽度，可以得到：

$$B + \frac{H}{\tan\beta} < b + \frac{d}{\sin\beta} \tag{4-15}$$

式中，$B$ 为型孔宽度，mm；$b$ 为种子宽度，mm；$d$ 为种子高度，mm。

经多次试验发现，第 2 粒种子在型孔内的倾斜角度非常小，因此可将其视为垂直立于型孔，即 $d/sin\beta$ 数值大小可认为等于 $d$，整理得：

$$\tan\beta < \frac{H}{b + d - B} \tag{4-16}$$

由式（4-16）计算得知，型孔下侧面落种角 $\beta$ 需大于 48.5°，当满足条件时，型孔内空间才不会稳定夹持住多粒种子。同样，型孔下侧面落种角的大小会影响排种作业质量。因此，应结合排种过程进一步分析落种角的影响，优化其参数范围。

## 4.4　携种过程分析

目标种子在离开群体后，会随着取种盘进行匀速的圆周运动。当到达清种区时，种子在离心作用下有脱离型孔向外运动的趋势，可将种子所受力分解到空间力系中，如图 4-7 所示。在清除多余种子的过程中，型孔结构对于种子的固定作用主要是防止其沿着 $x$ 轴（即直径方向）向外部滑动，所以需要重点考虑空间力系中的 $x$ 轴方向。

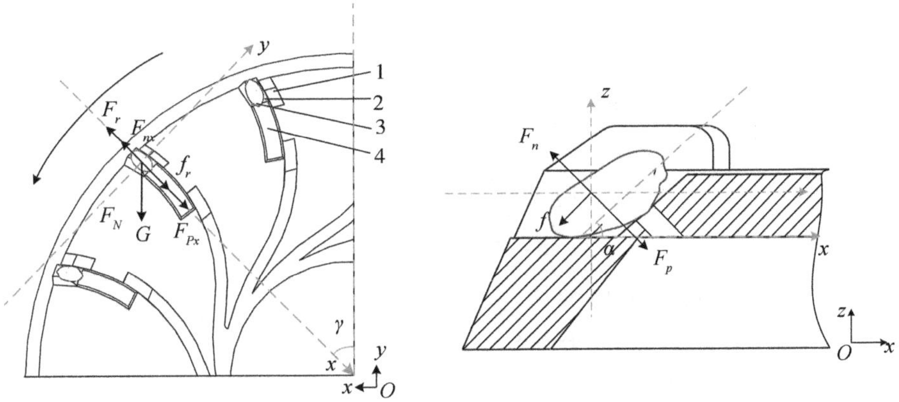

1. 挡板；2. 型孔；3. 目标种子；4. 导种槽。

**图 4-7　目标种子受力分析**

当目标种子有沿着径向滑动的趋势时，在 $xOy$ 力系中，种子在 $x$ 轴方向受到重力 $G$、离心力 $F_r$、压附力 $F_p$（主要为流场对种子的曳力作用）、因压附力作用产生的支持力 $F_n$ 和摩擦力 $f$ 的作用，对其受力分析得：

$$\begin{cases} F_x = G\cos\gamma + F_{px} + f_x - F_r - F_{nx} \\ F_r = m\omega^2(r - r_k) \\ F_p = C\dfrac{1}{2}\rho U^2 A \\ f = \mu F_n \end{cases} \tag{4-17}$$

式中，$\gamma$ 为清种区与取种盘最高点形成的角度，（°）；$F_{px}$ 为压附力在 $x$ 轴方向的分力，N；$f_x$ 为摩擦力在 $x$ 轴方向的分力，N；$F_r$ 为离心力，N；$F_{nx}$ 为支持力在水平方向上的分力，N；$m$ 为目标种子质量，kg；$\omega$ 为目标种子旋转角速度，rad/s；$r$ 为型孔旋转半径，m；$r_k$ 为目标种子质心距型孔外端距离，m；$C$ 为绕流物的阻力系数；$\rho$ 为流体密度，kg/m$^3$；$U$ 为气流速度，m/s；$A$ 为气流对颗粒的作用面积，m$^2$；$\mu$ 为摩擦系数；$F_n$ 为支持力，N。

在 $xOy$ 力系中，种子受到通孔气流压附力 $F_p$、型孔内侧面对种子的支持力 $F_n$ 以及摩擦力 $f$ 的作用。此刻，种子在 $z$ 轴上保持了力的均衡，而在 $x$ 轴上的力能够被整合到 $xOy$ 力系中，可以得到：

$$\begin{cases} F_z = F_p\cos\alpha - F_n\cos\alpha + f\sin\alpha = 0 \\ F_{px} = F_p\sin\alpha \\ f_x = f\cos\alpha \\ F_{nx} = F_n\sin\alpha \end{cases} \tag{4-18}$$

由式（4-17）和式（4-18）可得

$$F_x = mg\cos\gamma + \frac{C\rho U^2A(\mu\cos\alpha - \sin\alpha)}{2 - 2\mu\tan\alpha} + \frac{1}{2}C\rho U^2A\sin\alpha - 4\pi^2n^2m(r - r_k) \tag{4-19}$$

如果要保证型孔内目标种子不被清除 $F_x$ 值必须大于 0，然后进行整理得到：

$$\frac{\mu\cos\alpha - \mu\sin\alpha\tan\alpha}{1 - \mu\tan\alpha} > \frac{8\pi^2n^2m(r - r_k) - 2mg\cos\gamma}{C\rho U^2A} \tag{4-20}$$

由式（4-20）可得：当摩擦系数 $\mu$、绕流物的阻力系数 $C$、通孔面积 $A$、通入排种器的气压 $U$ 一定时，型孔内侧面充种角与取种盘转速和清种区所在的位置有关。基于之前的实验结果，可以得到取种盘经过上部顶点之后的 25°~30°是种子清除区域。在上述前提并且加上对种子充填过程的分析，可以看出，充种角 $\alpha$ 只受取种盘旋转速度的影响。所设定排种器工作环境转速不超过1 500r/min，结合种子填充过程中对充种角影响的分析，再加以预试验探究不同转速下均较合理的充种角初始范围。即在所有型孔构造参数固定的情况下，把充种角从 0°到 90°划分成多个小组，每个小组都进行三维建模并加以打印制造，例如图 4-8 是充种角为 40°时的结构模型，最后得到合理的型孔结构充种角范围是在 30°~60°。当充种角在此范围内变化时，型孔能够较好地完成充种作业和携种作业。

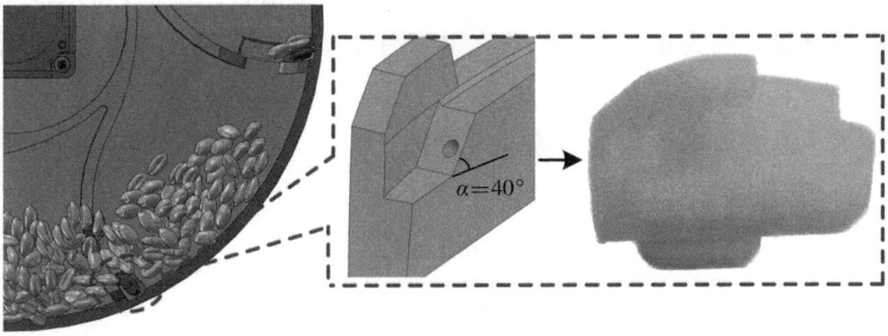


图 4-8　充种角为 40°时型孔模型

## 4.5　排种过程分析

排种质量会影响种子的均匀性分布。当取种盘到达排种区时，对种子的滑落过程进行受力分析，如图 4-9 所示。为避免发生种子在移动的过程中

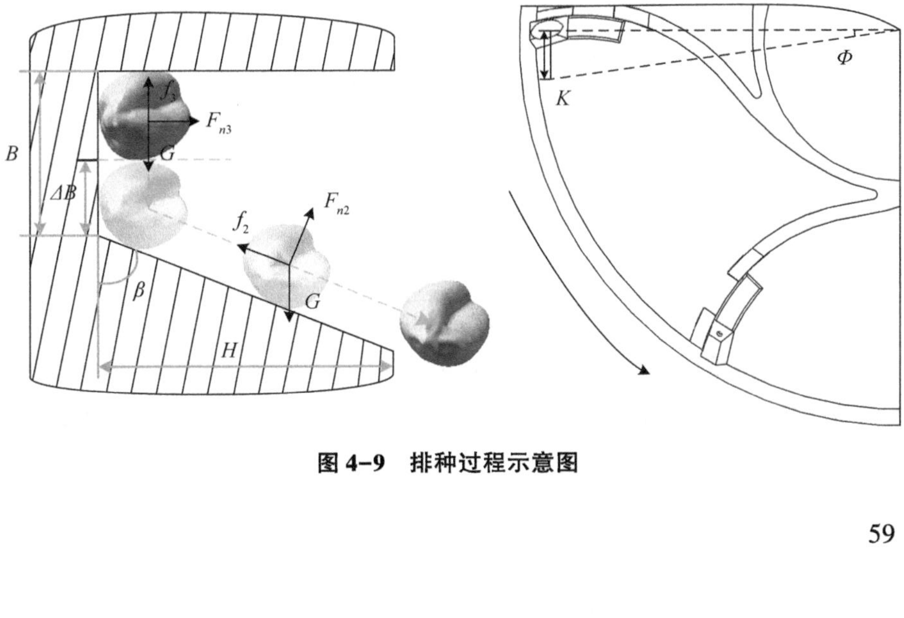


图 4-9　排种过程示意图

被压缩导致破裂的情况，在种子和型孔侧表面之间设置了很小但十分必要的空隙$\Delta B$。一旦种子抵达落种区域时，会迅速落至型孔侧表面处。由于型孔上侧表面和底侧面已经没有作用力对种子产生影响，并且种子也不再随着取种盘旋转，所以离心力也会随之失去作用效果，最后只剩下重力推动种子向下滑动。尽管在此期间，种子会与取种盘发生相对滑移，但是它们始终保持紧密接触直到分离为止，这意味着在整个滑动过程中，种子的受力状态都是稳定的。

因为小麦籽粒形状复杂且为非规则体，为了方便研究，将其视为球体，对其进行受力分析可以得到：

$$\begin{cases} mg\sin\beta = F_{n2} \\ f_2 = \mu_2 F_{n2} \end{cases} \tag{4-21}$$

式中，$F_{n2}$为型孔下侧表面对种子的支持力，N；$f_2$为型孔下侧表面对种子的摩擦力，N；$\mu_2$为摩擦系数。

由于型孔内的剩余空隙$\Delta B$极小，种子落下时所需的时间非常短暂，因此可以忽略在这段时间里种子速度的变化。在此期间，种子和取种盘处于相对静止的状态，可以设定当前种子的初始速度$v_1$为0。当种子从稳定位置刚下落至下侧表面时，设定此时为种子滑动过程的初始位置。假设在$t_2$的时间过后，种子和下侧表面完全分离，经分析可以得到：

$$v_2 = v_1 + (g\cos\beta - \mu_2 g\sin\beta) t_2 \tag{4-22}$$

$$\frac{1}{2}mv_2{}^2 - \frac{1}{2}mv_1{}^2 = mg\frac{H}{\tan\beta} - f_2\frac{H}{\sin\beta} \tag{4-23}$$

式中，$v_1$为种子下滑时的初速度，m/s；$v_2$为种子完全离开型孔时的速度，m/s。

整理式（4-21）至式（4-23）可得：

$$t_2 = \sqrt{\frac{2H - 2\mu_2 H\tan\beta}{g\tan\beta\,(\cos\beta - \mu_2\sin\beta)^2}} \tag{4-24}$$

种子在$t_2$时间内垂直方向移动的距离为$H/\tan\beta$，在该时间内取种盘一直做匀速圆周运动。由于种子下滑过程时间短，可将取种盘垂直位移$K$视为其旋转过的距离。因此取种盘转过$H/\tan\beta$的垂直距离所需时间$t_3$为：

$$\frac{H}{\tan\beta}=2\pi n(r-r_k)t_3 \tag{4-25}$$

整理后可以得到：

$$t_3=\frac{H}{2\pi n(r-r_k)\tan\beta} \tag{4-26}$$

为了确保种子能够依照预设的路径落下来，当种子与取种盘平行移动相等垂直距离时，种子下降所需时间 $t_2$ 必须少于取种盘转动所需的时间 $t_3$。满足此条件可以保证种子在下滑过程中始终紧靠着下侧面直到完全脱离，避免因种子滑落过慢导致未能顺利排出等不利于播种均匀性的情况。建立两者之间的时间关系公式得到：

$$\frac{\tan\beta-\mu_2\tan^2\beta}{g(\cos\beta-\mu_2\sin\beta)^2}<\frac{H}{8\pi^2n^2(r-r_k)^2} \tag{4-27}$$

由式（4-27）可得，当型孔高度 $H$、取种盘半径 $r$、型孔中心到种盘边缘的径向距离 $r_k$ 一定时，型孔下侧面落种角 $\beta$ 仅与取种盘转速 $n$ 有关。同理，所设定排种器工作环境转速不超过1 500r/min，结合种子填充过程中对落种角影响的分析，再加以预试验探究不同转速下均较合理的落种角初始范围。即在所有型孔构造参数固定的情况下，把落种角从 48.5°～90°划分成多个小组，每个小组都进行三维建模并加以打印制造，例如图 4-10 是落种角为 50°时的结构模型，最后得到合理的型孔结构落种角范围是在 50°～60°。

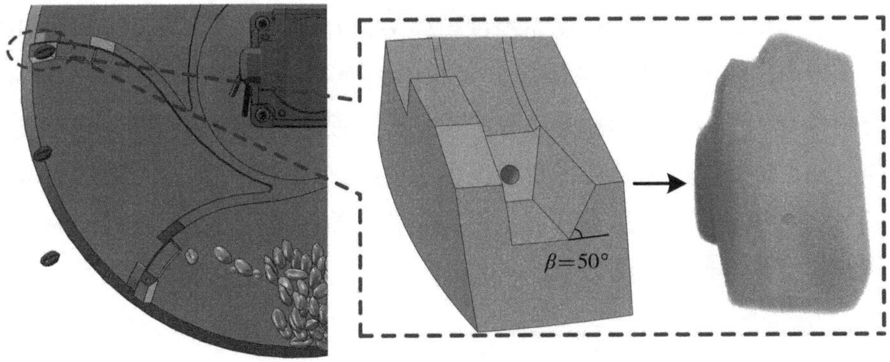


**图 4-10　落种角为 50°时型孔模型**

当落种角在此范围内变化时，型孔能够保证在单粒充种情况下较好地完成排种作业。

## 4.6 本章小结

本章对末端有序导种排种器的整体结构进行了设计。首先，阐述了排种器的结构组成与工作原理，将排种器整个工作过程划分为充种阶段、携种阶段、清种阶段、排种阶段四个部分并进行分析。根据种子不同的运动姿态，将充种过程分为引导充种和稳定夹持两个阶段，阐明排种器充种原理及种子运动过程，同时对比所设计排种器和传统型孔类排种器取种过程时种子的夹持姿态，分析所设计型孔结构的合理性。其次，对排种器关键部件结构参数进行设计。综合考虑后选取取种盘直径为160mm，其上均匀分布6个型孔。根据小麦种子尺寸对型孔尺寸进行设计，所用小麦品种为济麦22，对其外形尺寸进行测量和统计分析后，测得所选种子的平均长度为6.54mm，平均宽度为3.23mm，平均高度为3.11mm，平均等效直径为3.98mm。最后，根据种子实际测量数据得出型孔长度为5.5mm，型孔宽度为3.5mm，型孔高度为3.2mm，挡板长度为6.5mm，挡板高度为3.5mm，导种槽深度为0.2mm。

通过对排种器充种过程、携种过程和排种过程进行分析，得到工作性能较优下的结构参数。对排种器充种过程种子受力情况进行分析，得到能提供足够压附力的同时防止种子边缘陷入其中的通孔直径范围为0.8~2.0mm；结合排种器充种时种子运动过程分析和携种过程分析，得到能够较好完成充种作业和携种作业的型孔充种角范围为30°~60°；结合排种器充种过程型孔内充种空间分析和携种过程分析，得到能够在单粒充种情况下较好地完成排种作业的型孔落种角范围为50°~60°。

# 第 5 章　基于 DEM-CFD 的排种器工作过程数值模拟

由于气力式排种器的运行过程中涉及气体和种子之间的相互影响，且该相互作用关系是多变、复杂的，因此用传统的手段来精确衡量种子在各个工作环节中的受力情况和运动状态变得相当困难。随着计算机技术的发展，DEM-CFD（气固两相流仿真）被广泛应用于气力式排种器工作过程的研究中。

## 5.1　排种器仿真模型建立及参数设置

在排种器工作过程中，种间作用、种子和气流相互作用并存，属于颗粒流场系统。因此为探究型孔通孔直径、内侧面充种角和下侧面落种角对排种器工作性能的影响，采用流体-颗粒气固耦合数值仿真试验进行分析。排种器颗粒场结构模型可简化为外壳体、取种盘、去种板、型孔结构。选择济麦 22 作为研究对象，使用五轴扫描设备采集其三维点的数据集合，然后通过逆向工程技术构建出该种子的实物模型。然后在 EDEM 中采用 Bonding 黏结模型进行颗粒填充，将整个颗粒替换成由黏结键连接而成的多个球颗粒的集合体，如图 5-1 所示。种群从充种管道进入后处于流动的状态，最后落至充种区等待充种作业。

由于小麦种子尺寸相对较小且种群密度较高，所以在仿真过程中需考虑颗粒对气流场的影响。因此采用欧拉双向耦合模型进行研究。利用三维软件建立排种器气流场模型并加以网格划分，可将其简化为壳体内部腔室、取种盘、导种槽、型孔、通孔 5 个部分，流场网格体积均大于黏结颗粒体积。采用滑移网格法，将取种盘、导种槽、型孔、通孔网格区域属性设定为动态网格，壳体内部腔室网格区域默认为静态，将各部分相接触的平面作为交界面，用于完成动、静区域之间的数据交换。排种器颗粒场和气流场模型如图 5-1 所示。

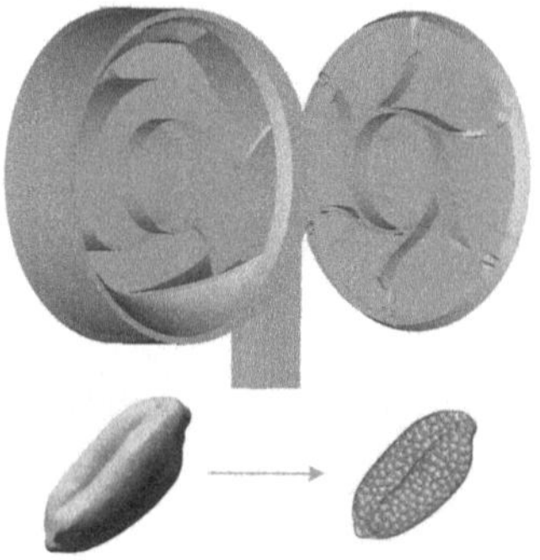

（a）颗粒场模型

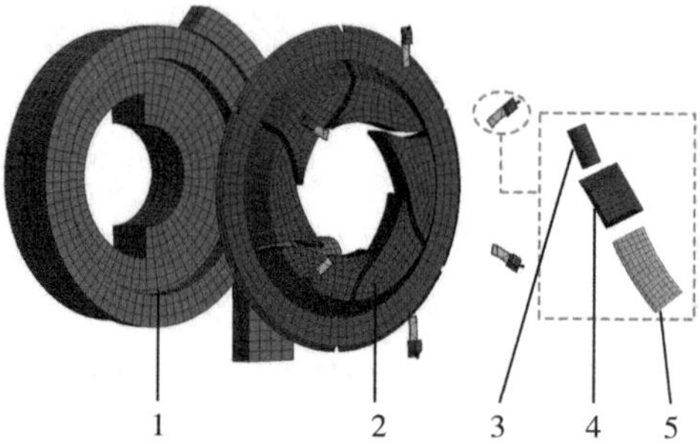


（b）气流场模型

1. 壳体内部腔室；2. 取种盘；3. 通孔；4. 型孔；5. 导种槽。

**图 5-1　排种器颗粒场与气流场简化模型**

小麦播种株距设定为 0.03m，当机组工作速度在 5km/h 时，取种盘的转速为 695r/min，充种管道通入风压为 5kPa，设置种子颗粒生成速率为 100 个/s，在仿真开始前期，颗粒生成后输送到充种区需要一定的时间，经多次仿真试验发现，取种盘在仿真进行到 0.4s 后开始夹附住种子。颗粒场仿真时间步长设置为 $2\times10^{-6}$，气流场仿真时间步长设置为 $2\times10^{-5}$，仿真总时间为 2s，小麦颗粒、排种器材料的相关参数如表 5-1 所示。

**表 5-1　仿真参数设置**

| 参数 | 小麦颗粒 | 树脂 |
|---|---|---|
| 泊松比 | 0.42 | 0.39 |
| 剪切模量/Pa | $5\times10^{8}$ | $3.19\times10^{8}$ |
| 密度/（$g/cm^3$） | 1.35 | 1.02 |
| 碰撞恢复系数（与颗粒） | 0.42 | 0.51 |
| 静摩擦系数（与颗粒） | 0.53 | 0.55 |
| 滚动摩擦系数（与颗粒） | 0.075 | 0.05 |

# 5.2　排种器仿真结果和评价指标

## 5.2.1　仿真结果分析

如图 5-2 为排种器工作转速为 74rad/s，通孔直径为 1.2mm，型孔内侧面充种角度为 45°，型孔下侧面排种角度为 55°时的气固耦合仿真结果示意图。流场中的气流轨迹和颗粒场中的颗粒轨迹如图 5-3 所示，可以看出气流在通孔处产生垂直向下的吸附效应，对种子提供一定的压附力。

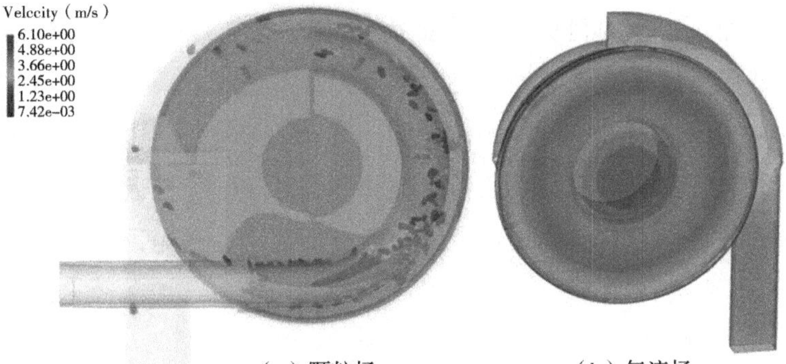


（a）颗粒场　　（b）气流场

**图 5-2　仿真结果**

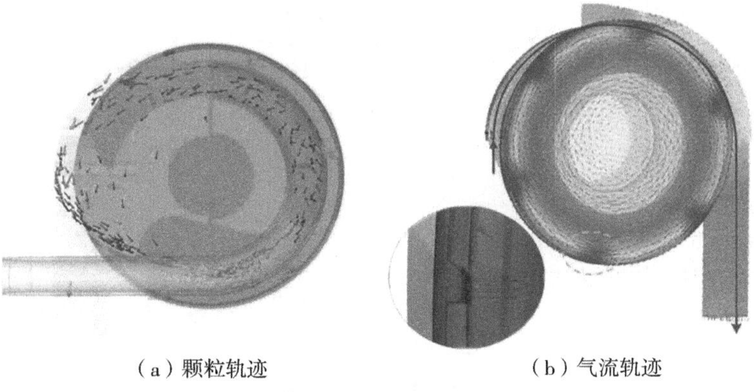

（a）颗粒轨迹　　（b）气流轨迹

**图 5-3　轨迹变化**

### 5.2.2 抗清除力指标

EDEM 与 FLUENT 在耦合仿真模拟过程中，其耦合接口主要是通过计算曳力和浮力来实现。在 API 中可以自定义属性功能负责存储和使用数据，其计算方法如下：

$$F_o = md_v/d_t - G - F_z \tag{5-1}$$

式中，$F_o$为目标种子受到的耦合力，N；$m$ 为目标种子质量，kg；$d_v/d_t$ 为目标种子的加速度，m/s²；$G$ 为目标种子受到的重力，N；$F_z$为几何体与其他种子对目标种子的接触力，N。

以成功进入型孔的目标种子为捕捉对象，耦合力的变化趋势如图 5-4 所示。当型孔还没有进入充种区时，耦合力的数值无显著变化。从进入充种区 0.075s 开始，种子的耦合力迅速上升，而后呈现下降的反复趋势，这一现象是由种子受型孔吸引发生迁移引起的。在 0.09s 时目标种子抵达充种型孔结构内，其耦合力数值会在特定区间里有所浮动，这是因为种子受到了周

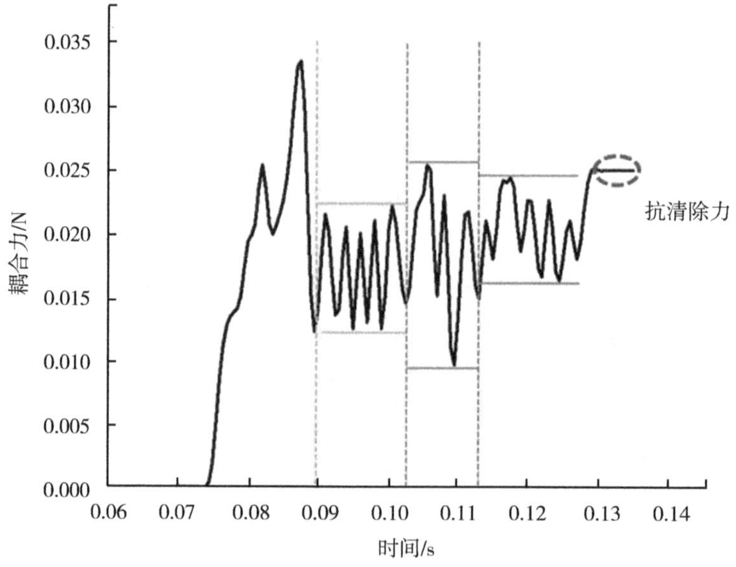


**图 5-4　耦合力变化示意图**

边种群的压力与撞击，使它们无法处于稳定的状态中。在 0.103s 时种子即将脱离种群，周围的种子的阻力作用更为剧烈，耦合力的浮动程度增大。当 0.112s 从种群脱离后，目标种子周围的多余种子数量开始下降，其耦合力有一定程度的提升，最终仅剩下目标种子与周围少量的多余种子被携带出，耦合力在一定范围内轻微变化，但该阶段耦合力仍旧保持在一个波动的状况，此时的波动幅度及强度均小于前一阶段。待到达种子清除区域时，由于受离心力的影响，那些多余种子会被移除，使得目标种子的耦合力再度增加直到稳定下来。此时型孔内只剩目标种子，种子稳定状态不易被打破。平稳后的耦合力是维持目标种子不被清除的主要作用力，即种子受到的抗清除力，以此时稳定后的耦合力最终值作为携种稳定性的评价指标之一。抗清除力的作用示意图如图 5-5 所示。

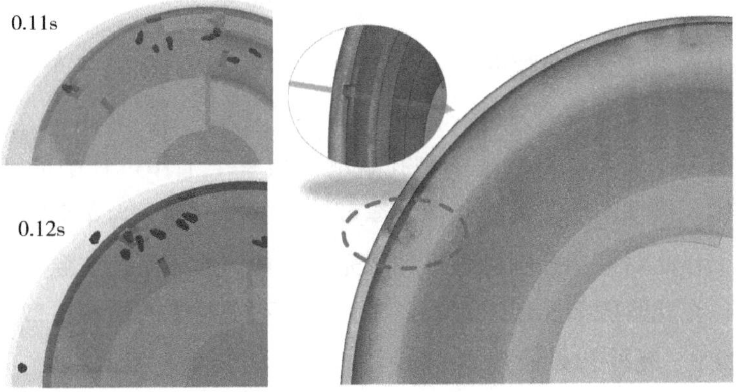


**图 5-5　抗清除力示意图**

## 5.2.3　型孔空隙率指标

在排种器的运行过程中，为了检测型孔携种工作的质量，因此采用型孔空隙率进行评估。在每个型孔位置都设立了一个观测区域，该观测区域要完全覆盖型孔，并延伸到挡板的最高位置，用于记录每个时刻观测区域内颗粒的总体积（图 5-6）。

型孔空隙率计算公式为：

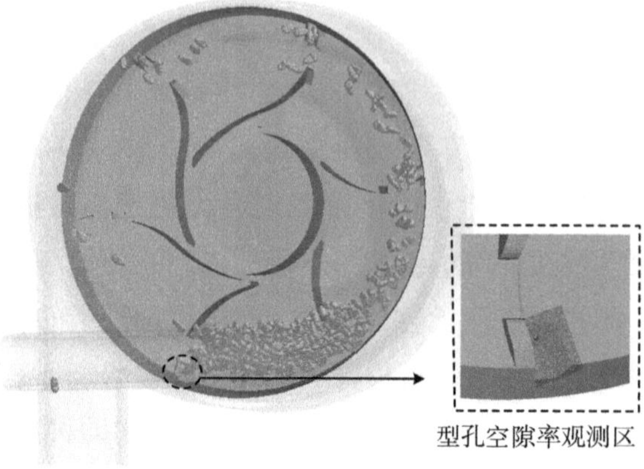


**图 5-6 型孔空隙率**

$$T = (1 - \frac{V_k}{V_g}) \times 100\% \quad (5-2)$$

式中，$T$ 为型孔空隙率，%；$V_k$ 为种子颗粒所占体积，$m^3$；$V_g$ 为观测区总体积，$m^3$。

如图 5-7 所示，提取任一型孔观测区域整个工作过程中的型孔空隙率变化曲线，根据图中曲线的变化规律可以将工作过程分为 4 个阶段。排种完成阶段Ⅰ：此时该型孔刚经过排种区完成排种作业，型孔空隙率从稳定值急剧上升，在此阶段型孔还未进入到充种区，不受种子的影响，型孔空隙率最终为 100%。充种初始阶段Ⅱ：随着取种盘的转动，型孔逐渐进入到充种区，此时种子开始向型孔处流动，型孔观测区逐渐被种子所占据，型孔空隙率剧烈下降。充种后期阶段Ⅲ：当种子占据型孔空间后，开始受到周围种群较为复杂的力的作用，会发生旋转、移动，甚至会被种群内其他种子所替代，在这一阶段型孔空隙率会发生范围差较小的变化，当种子即将脱离种群时，其受到种群的影响逐渐变小，型孔空隙率也会逐渐升高。种子清除阶段Ⅳ：当型孔从充种区脱离到达清种区后，其携带的多余种子逐渐被清除掉，只剩下型孔内的目标种子，该阶段的型孔空隙率会逐渐增大直到稳定在一定数值。当经过排种区后，回归到排种完成阶段Ⅰ，型孔空隙率从稳定值恢复到 100%，再次进行下一循环。

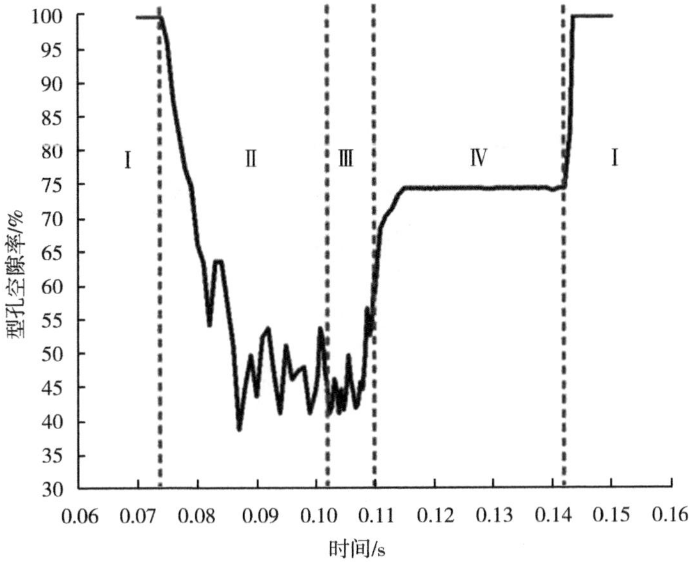


**图 5-7　型孔空隙率的变化曲线**

在充种后期阶段Ⅲ，空隙率变化越小，这表明目标种子受力状态越稳定，不易被清除，此时型孔结构的携种性能较好。因此，将型孔空隙率在充种后期阶段的变化量作为评估种子携带性能的一个指标，并分析在不同影响因素下其变化趋势。

## 5.2.4　种子初始下落位置指标

当种子到达排种区后从型孔中滑落，经排种管排出。经多次仿真试验得到：若种子初始下落位置在图 5-8 所标注排种区域 $b$ 中，则种子下落过程中不会碰到壁面，能顺利落下；若种子在排种区域 $a$ 中下落，则在下落过程中会碰到左边壁面；若种子在排种区域 $c$ 中下落，则在下落过程中会碰到右边壁面。以上两种现象“碰壁”现象均会改变种子运动轨迹，从而导致种子粒距不均匀，影响排种质量。因此，在仿真试验中，获取种子初始下落状态时的位置信息，将排种管中心线作为基线，基线左侧方向视为正方向，计算种子当前位置与基线之间的距离，从而得到种子初始下落位置的横坐标。将种子初始下落位置的横坐标作为评价指标，分析在不同影响因素下其排种效果。

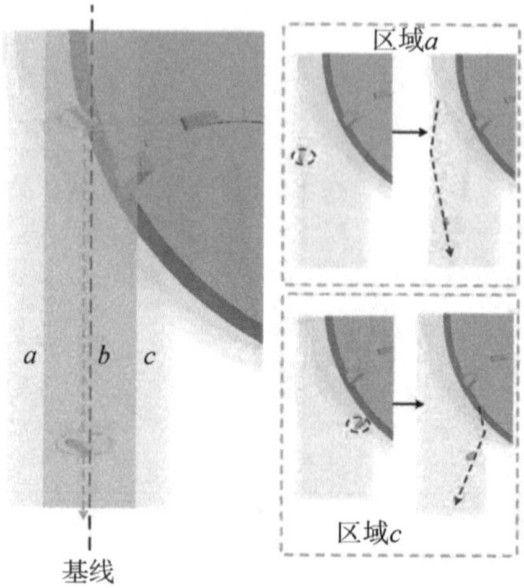


**图 5-8　不同排种区域落种情况**

# 5.3　单因素试验结果分析

## 5.3.1　通孔直径因素影响分析

由第 4 章可知，通孔直径在 0.8～2.0mm 时，能提供一定压附力，同时可避免发生卡种的现象。因此，将通孔直径等分为 7 组，并在其他条件保持不变的前提下进行了各自的仿真试验。仿真结果表明通孔直径对种子型孔空隙率、抗清除力和初始下落位置均会产生影响，影响趋势如图 5-9 所示。随着通孔直径的增加，型孔空隙率改变量逐渐减小，抗清除力的数值逐渐增大。例如，通孔直径从 0.5mm 增加到 1.5mm，型孔空隙率改变量从 34%降至 18%，抗清除力从0.006 6N增加至 0.016N，说明种子的填充性能和携带稳定性随着通孔直径的增加而提高。因为增大通孔直径，在充种作业时种子受到的曳力会增大，降低其余种子的干扰作用，在清种作业时可以抵抗种子沿径向向外运动的趋势，充种和携种效果牢靠。但种子下落位置的水平横坐标随着通孔直径的增大逐渐进入不合格区域，这是因为通孔直径太大会导致种子部分体积卡入型孔，且种子受到过大的曳力，以上均会导致种子无法在规定时间内下落，从而影响粒距分布，因此应对通孔直径加以限制。经综合考虑，将通孔直径范围进一步优化为 1.2~1.6mm。

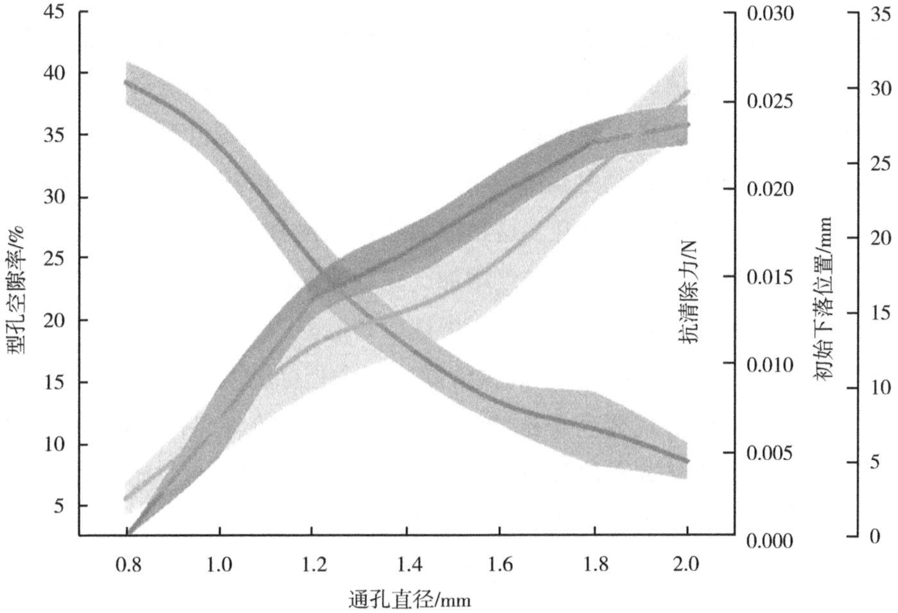


**图 5-9　通孔直径对各指标的影响趋势**

## 5.3.2　型孔内侧面充种角因素影响分析

由第 4 章可知，当充种角处于 30°~60°时，排种器的性能表现较佳。因此将充种角等角度划分为 7 组，在其他条件都相同的情况下分别进行仿真试验。仿真结果表明充种角对种子型孔空隙率、抗清除力均会产生影响。在每个水平的仿真数据中，连续取一整圈即 6 个型孔的数据，统计其均值、标准差，得到不同充种角下型孔空隙率改变量和抗清除力的拟合曲线，如图 5-10 所示。随着充种角的增加，型孔空隙率改变量先是逐渐减小，后出现增大的趋势，而抗清除力的数值逐渐增大。例如，充种角从 30°增加至 40°，型孔空隙率改变量从 15.3%降至 12%，抗清除力从 0 增加至 0.006N，说明种子的填充性能和携带稳定性随着充种角的增加而提高。这是因为，充种角变大后种子受到的曳力作用沿取种盘径向的分力更大，能抵抗种子沿径向向外运动的趋势。可以看出，改变充种角和增大通孔直径对填充性能和携带稳定性的影响效果是相同的，但在同一个变化趋势下，充种角对型孔空隙率改变量的影响是小于通孔直径的，而且充种角对应的抗抵抗力的数值也均小于通孔直径对应的数值。可以说明通孔直径对充种和携种性能的影响是大于充种角的。这是因为提高充种性能和携带稳定性本质上是提升种子受到的曳力大小，因此改变通孔直径是最直接的方式。当充种角从 45°增加至 50°时，型孔空隙率有一定程度的上升，这是因为随着充种角的增大，型孔内侧面倾斜程度越陡，种子进入型孔的难度增加，充种效果会有所降低，种子的稳定性有所降低。因此需对充种角综合考虑选取其范围。

由图 5-10 对比型孔空隙率和抗清除力两个指标的变化趋势，可以看出型孔空隙率的变化形式要高于抗清除力。抗清除力随着充种角的增加而增大，而型孔空隙率随着充种角的增加呈现出多段变化趋势，对充种角提出了范围限制。因此，将型孔空隙率作为充种角因素的主要评价指标，再用抗清除力指标进行辅助参考，明确其充种角参数范围。

对型孔空隙率指标数值进行拟合处理，其回归模型的判定系数即调整后 $R_1^2$ 为 0.93（>0.75），这表明该模型的拟合程度较高，可以得到充种角是影响种子携带性能的一个关键因素。该拟合曲线的回归方程为：

$$y = 0.016\,9x^2 - 1.549\,35x + 46.846\,57 \tag{5-3}$$

对方程求解可得到型孔空隙率改变量最小时的充种角为 46°，即当前条件下充种角为 46°时排种器的携种性能较好，但此时该角度是在只考虑充种角此单一因素对携种性能单一指标影响的前提下求解出的，而在实际作业时，充种角的改变同时会影响排种器抗清除力指标。从图 5-10 可以看出充种角在 42°~52°范围内时型孔空隙率改变量较小且能提供较大的抗清除力。因此，综合考虑将型孔内侧面充种角进一步优化为 42°~52°。

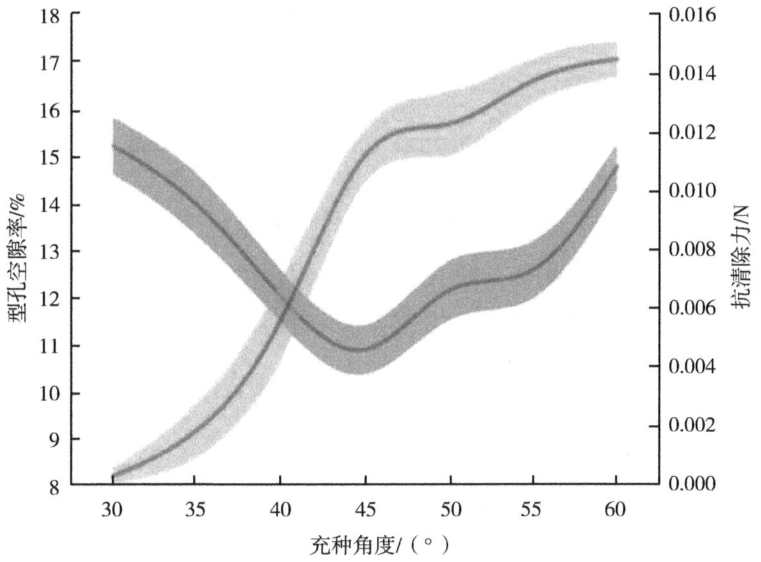


**图 5-10　充种空间的影响趋势**

### 5.3.3　型孔下侧面落种角因素影响分析

由第 4 章可知，当型孔下侧面落种角度在 50°~60°时，排种效果较好。因此，将落种角等角度分为 7 组，并在其他条件保持不变的前提下分别进行模拟试验。仿真结果表明落种角对种子初始下落位置会产生影响。在每个水平的仿真数据中，连续取一整圈即 6 个型孔的数据，统计其均值、标准差，得到不同落种角下种子初始下落位置横坐标的拟合直线，如图 5-11 所示。随着落种角的增大，种子的初始下落位置呈现出先靠近基线而后远离基线的趋势。这是因为当落种角较小时，种子刚进入落种区就会在极短时间内从型孔内排出，导致种子下落过早，易碰排种管左边壁面从而影响种子下落轨迹；当落种角较大时，型孔对种子的包裹性过强，会导致种子延迟落种，易碰排种管右边壁面从而影响种子下落轨迹。以上两种现象均因种子未在排种合格区域下落，粒距分布均匀性差，排种质量低。因此需明确落种角参数，提升排种质量。

如图 5-11 所示的初始下落位置回归模型的判定系数即调整后 $R_2^2$ 为 0.98 大于 0.75，因此该模型拟合度较好，可以说明落种角是影响排种性能的一个重要因素。该拟合直线的回归方程为：

$$y = -0.7304x + 38.8657 \tag{5-4}$$

当种子初始下落位置在排种管中心时，即初始下落位置横坐标为 0 时，种子不易发生“碰壁”现象，能顺利落下。因此对方程求解可得到种子初始下落位置横坐标为 0 时的落种角为 53°。因落种角只对种子初始下落位置指标有影响，可以确定当落种角为 53°时不易发生种子“碰壁”现象，型孔能顺利完成排种作业。

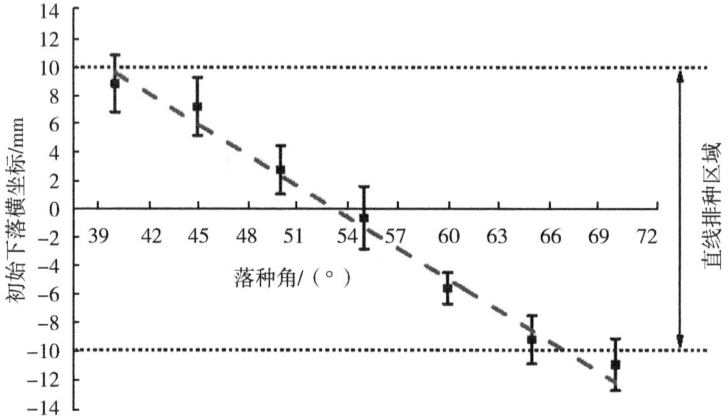


**图 5-11　种子初始下落位置横坐标变化趋势**

## 5.4　本章小结

本章运用气固两相流仿真 DEM-CFD 技术进行数值模拟，对小麦种子在排种器不同工作过程中的受力、运动情况进行描述。首先，建立仿真模型，利用三维软件建立排种器颗粒场和气流场模型并加以网格划分，将其简化为壳体内部腔室、取种盘、导种槽、型孔和通孔共 5 个部分，在 EDEM 中采用黏结模型对小麦种子进行颗粒填充，将整个颗粒替换成由黏结键连接而成的多个子颗粒的集合体。其次，设定仿真参数，进行数值模拟。最后，以抗清除力、型孔空隙率和种子初始下落位置为性能评价指标，对关键因素通孔直径、型孔内侧面充种角、型孔落种角进行分析，优化其参数范围。

第一，通孔直径对种子型孔空隙率、抗清除力和初始下落位置指标均会产生影响。随着通孔直径的增加，在充种作业时种子受到的曳力会增大，降低其余种子的干扰作用，在清种作业时可以抵抗种子沿径向向外运动的趋势，充种和携种效果牢靠，型孔空隙率改变量逐渐减小，抗清除力的数值逐渐增大，但通孔直径太大会导致种子部分体积卡入型孔，导致种子无法在排种区域内下落，影响粒距分布，种子初始下落位置逐渐进入不合格区域。因此将通孔直径范围进一步优化为 1. 2～1. 6mm。

第二，型孔内侧面充种角对种子型孔空隙率、抗清除力指标均会产生影响。随着充种角的增加，种子受到的曳力作用沿取种盘径向的分力变大，能抵抗种子沿径向向外运动的趋势，提高种子填充性能和携种稳定性，但型孔内侧面倾斜程度逐渐变陡峭，种子进入型孔的难度增加，充种效果会有所降低。因此，型孔空隙率改变量出现先逐渐减小后增大的趋势，而抗清除力的数值逐渐增大。经综合考虑后，将型孔内侧面充种角进一步优化为 42°～52°。

第三，型孔落种角对种子初始下落位置会产生影响。当落种角较小时，种子刚进入落种区就会在极短时间内从型孔内排出，导致种子下落过早，易碰排种管左边壁面从而影响种子下落轨迹；当落种角较大时，型孔对种子的包裹性过强，会导致种子延迟落种，易碰排种管右边壁面从而影响种子下落轨迹。因此，种子的初始下落位置呈现出先靠近基线而后远离基线的趋势。通过对初始下落位置指标回归模型进行分析最终确定落种角为 53°。

# 第6章　小麦集排精量播种系统台架性能试验分析

末端有序导种排种器工作性能的优劣对小麦播种质量起到至关重要的作用。在前期通过进行结构设计和工作过程分析确定排种器基本结构参数，利用 DEM-CFD 仿真方法探究排种器关键结构参数对其工作性能参数的影响，进一步优化参数范围。由于种子的不规则性和复杂性，仅通过原理分析和仿真试验不能全面反映排种器工作性能，为了进一步揭示关键结构参数对排种器工作性能要求的合理性，因此分别采用台架试验和田间试验进行验证。台架试验在室内进行，不受自然因素的影响，且试验可重复进行多次，能够简便快捷地获取排种器性能试验数据。因此，为进一步探究型孔通孔直径和型孔内侧面充种角对排种器工作性能的影响，对各试验因素的不同组合开展台架试验。

## 6.1　台架试验条件与材料

选用济麦22品种为试验样本，其千粒重为42.4g。搭建的试验台如图6-1所示，主要包括排种器、高速摄影机、集中输送装置、分配器、输种管、风机等。排种器挂接在输种管末端，由 ECMA-C10401ES 型伺服电机独立驱动，该电机扭矩为0.3N·m，转速可在3 000r/min内精准控制，满足试验高转速需求。试验在山东省农业机械科学研究院实验室进行。试验时，种群在风机产生的正压气流下先吹送至分配器，再分散至各输种管，最后输送到排种器进种管道。经测定，种子平均以3m/s的初速度进入排种器，而后由排种器进行有序均匀排列。采用高速摄像设备对排种器工作过程加以拍摄记录。

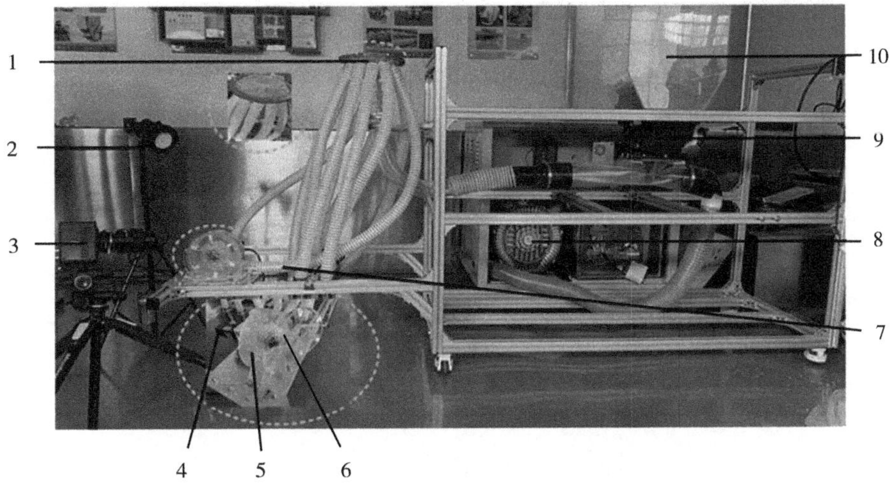


1. 分配器；2. 增光装置；3. 高速摄影机；4. 电机；5. 排种器外壳；
6. 取种盘；7. 输种管；8. 风机；9. 集中输送装置；10. 种箱。

**图 6-1　排种器台架试验**

## 6.2　台架试验方法

根据第 5 章可知，通孔直径范围在 1.2～1.6mm 时，通孔能提供较大的抗清除力且减少卡种现象；充种角范围在 42°～52°时，型孔空隙率改变量较小且能提供较大的抗清除力，有效完成充种和携种作业；落种角设为 53°时不易发生种子“碰壁”现象，型孔能顺利完成排种作业。因此，为进一步探究型孔通孔直径和型孔内侧面充种角对排种器工作性能的影响，试验以通孔直径、型孔内侧面充种角、取种盘转速为因素，以排种器漏播率、重播率、排种合格率为试验指标。预试验中取种盘转速在 500～800r/min 时，排种器工作性能较好。因此分别设置通孔直径为 1.2mm、1.4mm、1.6mm，充种角为 42°、47°、52°，取种盘转速为 500r/min、650r/min、800r/min，进行三因素五水平组合试验，共进行 23 组试验，试验因素水平编码如表 6-1 所示。

**表 6-1 试验因素编码**

| 编码 | 因素 | | |
|---|---|---|---|
| | 通孔直径 $X_1$/mm | 型孔内侧面落种角 $X_2$/（°） | 取种盘转速 $X_3$/（r/min） |
| -1.682 | 1.2 | 42 | 500 |
| -1 | 1.3 | 44 | 561 |
| 0 | 1.4 | 47 | 650 |
| 1 | 1.5 | 50 | 739 |
| 1.682 | 1.6 | 52 | 800 |

各指标计算公式为：

$$\begin{cases} Y_1 = \dfrac{y_1}{y} \times 100\% \\ Y_2 = \dfrac{y_2}{y} \times 100\% \\ Y_3 = (1 - Y_1 - Y_2) \times 100\% \end{cases} \tag{6-1}$$

式中，$Y_1$为漏播率,%；$Y_2$为重播率,%；$Y_3$为排种合格率,%；$y$ 为理论排种总数；$y_1$为排种时型孔内种子数为 0 的型孔数量；$y_2$为排种时型孔内种子数为 2 粒及以上的型孔数量。

## 6.3 台架试验结果

对试验数据进行多元回归拟合分析，结果如表 6-2 所示，$X_1$、$X_2$、$X_3$分别代表通孔直径、充种角、转速的编码值。

**表 6-2 试验设计与结果**

| 序号 | $X_1$ | $X_2$ | $X_3$ | 漏播率 $Y_1$/% | 重播率 $Y_2$/% | 排种合格率 $Y_3$/% |
|---|---|---|---|---|---|---|
| 1 | -1 | -1 | -1 | 9.03 | 7.22 | 83.75 |
| 2 | 1 | -1 | -1 | 5.75 | 8.57 | 85.68 |
| 3 | -1 | 1 | -1 | 10.07 | 9.14 | 80.79 |

(续表)

| 序号 | $X_1$ | $X_2$ | $X_3$ | 漏播率 $Y_1$/% | 重播率 $Y_2$/% | 排种合格率 $Y_3$/% |
|---|---|---|---|---|---|---|
| 4 | 1 | 1 | -1 | 4. 55 | 9. 37 | 86. 08 |
| 5 | -1 | -1 | 1 | 10. 16 | 1. 70 | 88. 14 |
| 6 | 1 | -1 | 1 | 9. 94 | 4. 66 | 85. 40 |
| 7 | -1 | 1 | 1 | 8. 63 | 8. 00 | 83. 37 |
| 8 | 1 | 1 | 1 | 4. 74 | 8. 46 | 86. 80 |
| 9 | -1. 682 | 0 | 0 | 10. 10 | 3. 79 | 86. 11 |
| 10 | 1. 682 | 0 | 0 | 5. 40 | 5. 50 | 89. 10 |
| 11 | 0 | -1. 682 | 0 | 9. 29 | 4. 34 | 86. 37 |
| 12 | 0 | 1. 682 | 0 | 5. 97 | 9. 12 | 84. 91 |
| 13 | 0 | 0 | -1. 682 | 5. 15 | 10. 72 | 84. 13 |
| 14 | 0 | 0 | 1. 682 | 8. 46 | 6. 88 | 84. 66 |
| 15 | 0 | 0 | 0 | 3. 65 | 3. 67 | 92. 68 |
| 16 | 0 | 0 | 0 | 3. 38 | 3. 60 | 93. 02 |
| 17 | 0 | 0 | 0 | 4. 48 | 3. 34 | 92. 18 |
| 18 | 0 | 0 | 0 | 3. 80 | 3. 23 | 92. 97 |
| 19 | 0 | 0 | 0 | 2. 99 | 3. 12 | 93. 89 |
| 20 | 0 | 0 | 0 | 3. 20 | 3. 05 | 93. 75 |
| 21 | 0 | 0 | 0 | 3. 06 | 3. 74 | 93. 20 |
| 22 | 0 | 0 | 0 | 2. 64 | 3. 16 | 94. 20 |
| 23 | 0 | 0 | 0 | 3. 46 | 3. 59 | 92. 95 |

根据表 6-3 方差分析结果可得：影响漏播率的因素主次顺序为通孔直径、充种角、取种盘转速，其中通孔直径、充种角、取种盘转速对漏播率的影响均极显著，通孔直径和充种角的交互作用、通孔直径和取种盘转速的交互作用、充种角和取种盘转速的交互作用对漏播率的影响均极显著；影响重播率的因素主次顺序为充种角、取种盘转速、通孔直径，其中通孔直径、充种角、取种盘转速对重播率的影响均极显著，通孔直径和充种角的交互作用、充种角和取种盘转速的交互作用对重播率的影响均极显著；影响排种合

**表 6-3 方差分析**

| 方差来源 | 漏播率 $Y_1$ | | | | 重播率 $Y_2$ | | | | 排种合格率 $Y_3$ | | | |
|---|---|---|---|---|---|---|---|---|---|---|---|---|
| | 平方和 | 自由度 | $F$ | $P$ | 平方和 | 自由度 | $F$ | $P$ | 平方和 | 自由度 | $F$ | $P$ |
| 模型 | 163. 17 | 9 | 64. 34 | <0. 000 1 | 156. 49 | 9 | 164. 24 | <0. 000 1 | 387. 31 | 9 | 78. 45 | <0. 000 1 |
| $X_1$ | 31. 72 | 1 | 112. 59 | <0. 000 1 | 4. 54 | 1 | 42. 90 | <0. 000 1 | 12. 26 | 1 | 22. 35 | 0. 000 4 |
| $X_2$ | 11. 39 | 1 | 40. 43 | <0. 000 1 | 31. 86 | 1 | 300. 93 | <0. 000 1 | 5. 15 | 1 | 9. 39 | 0. 009 1 |
| $X_3$ | 6. 80 | 1 | 24. 13 | 0. 000 3 | 23. 56 | 1 | 222. 55 | <0. 000 1 | 5. 05 | 1 | 9. 20 | 0. 009 6 |
| $X_1X_2$ | 4. 37 | 1 | 15. 50 | 0. 001 7 | 1. 64 | 1 | 15. 47 | 0. 001 7 | 11. 35 | 1 | 20. 70 | 0. 000 5 |
| $X_1X_3$ | 2. 75 | 1 | 9. 76 | 0. 008 1 | 0. 423 2 | 1 | 4. 00 | 0. 066 9 | 5. 33 | 1 | 9. 72 | 0. 008 2 |
| $X_2X_3$ | 5. 40 | 1 | 19. 15 | 0. 000 8 | 6. 81 | 1 | 64. 31 | <0. 000 1 | 0. 082 0 | 1 | 0. 149 5 | 0. 705 3 |
| $X_1^2$ | 39. 75 | 1 | 141. 06 | <0. 000 1 | 3. 79 | 1 | 35. 77 | <0. 000 1 | 68. 07 | 1 | 124. 10 | <0. 000 1 |
| $X_2^2$ | 37. 64 | 1 | 133. 59 | <0. 000 1 | 23. 86 | 1 | 225. 35 | <0. 000 1 | 121. 44 | 1 | 221. 38 | <0. 000 1 |
| $X_3^2$ | 24. 73 | 1 | 87. 76 | <0. 000 1 | 60. 87 | 1 | 574. 92 | <0. 000 1 | 163. 18 | 1 | 297. 49 | <0. 000 1 |
| 残差 | 3. 66 | 13 | | | 1. 38 | 13 | | | 7. 13 | 13 | | |
| 失拟 | 1. 37 | 5 | 0. 955 0 | 0. 496 6 | 0. 821 8 | 5 | 2. 37 | 0. 133 1 | 3. 89 | 5 | 1. 92 | 0. 195 7 |
| 误差 | 2. 29 | 8 | | | 0. 554 5 | 8 | | | 3. 24 | 8 | | |
| 总计 | 166. 84 | 22 | | | 157. 87 | 22 | | | 394. 44 | 22 | | |

格率的因素主次顺序为通孔直径、充种角、取种盘转速，其中通孔直径、充种角、取种盘转速对漏播率的影响均极显著，通孔直径和充种角的交互作用、通孔直径和取种盘转速的交互作用对排种合格率的影响均极显著。

剔除不显著因素后，建立漏播率 $Y_1$、重播率 $Y_2$ 和排种合格率 $Y_3$ 的回归方程如下：

$$\begin{aligned}Y_1 = 3.4 - 1.52X_1 - 0.91X_2 + 0.71X_3 - 0.74X_1X_2 + 0.59X_1X_3 \\ - 0.82X_2X_3 + 1.58{X_1}^2 + 1.54{X_2}^2 + 1.25{X_3}^2\end{aligned} \tag{6-2}$$

$$\begin{aligned}Y_2 = 3.38 + 0.58X_1 + 1.53X_2 - 1.31X_3 - 0.45X_1X_2 \\ + 0.92X_2X_3 + 0.49{X_1}^2 + 1.23{X_2}^2 + 1.96{X_3}^2\end{aligned} \tag{6-3}$$

$$\begin{aligned}Y_3 = 93.2 + 0.95X_1 - 0.61X_2 + 0.61X_3 + 1.19X_1X_2 \\ - 0.82X_1X_3 - 2.07{X_1}^2 - 2.76{X_2}^2 - 3.2{X_3}^2\end{aligned} \tag{6-4}$$

剔除非显著因素后，各指标回归方程的判定系数（$R^2$）分别为 0.978、0.989 和 0.982，表明所建立的回归模型具有显著性，回归方程的预测值与实际值相比是准确的。为了直观地说明各因素之间的交互效应对排种器性能的影响，使用 Design-Expert 试验设计软件生成了通孔直径、充种角和取种盘转速对漏种率、重播率和排种合格率的响应曲面图，如图 6-2 所示。

从图 6-2a、图 6-2b 可以看出，随着通孔直径的增加，排种器漏播率呈现出明显下降而后小幅度上升的趋势。这是因为增大通孔直径可以增强种子曳力作用，种子能更牢靠地压附在型孔内，减少种子在充种作业时无法稳定进入型孔的现象，从而降低漏种率。同时，较大的曳力作用可抵抗种子在清种作业时向外运动的趋势，降低被误清除的概率。但是当通孔直径增大到一定程度后，气流对种子的曳力作用过大，导致种子排种区域无法从型孔中滑落，从而造成少种、漏种的现象，漏播率有所上升。从图 6-2d、图 6-2e 可以看出随着通孔直径的增加，排种器重播率呈现出逐步上升的趋势。通过增大通孔直径会对种子产生较大的曳力作用，因此当取种盘经过充种区时会在目标种子周围再次吸附住其他多余种子。当初期增大通孔直径时，多余种子数目较少，目标种子和多余种子在排种区域均能排出。而到后期通孔直径增

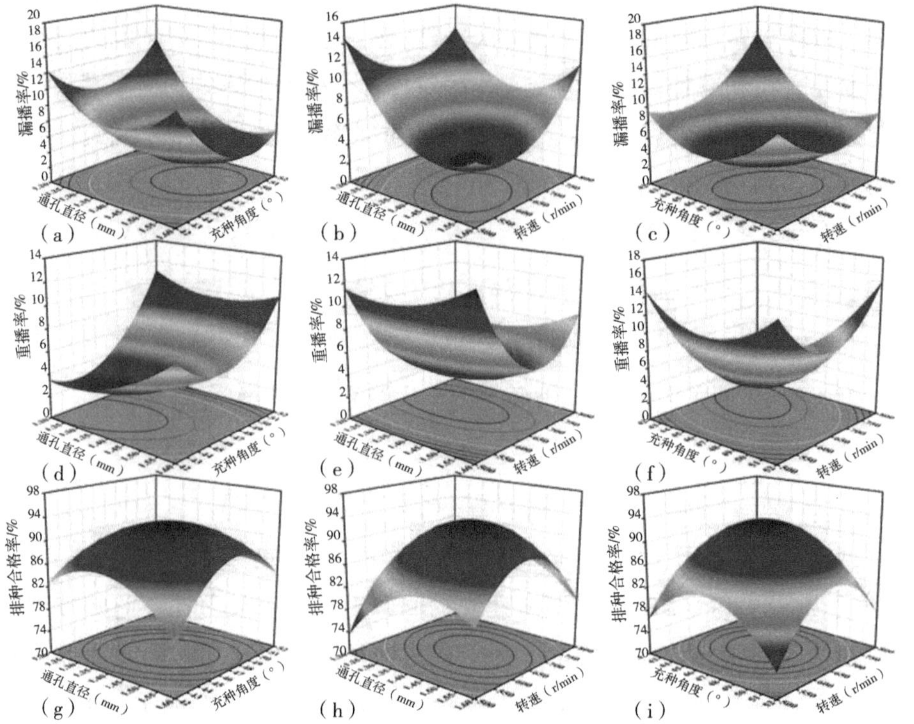


**图 6-2 响应曲面图**

加到一定程度时，多余种子数目可能达到 2 粒及以上，目标种子虽受力牢靠不易排出，但其周围的多余种子不能稳定地夹持在型孔内，因此多余种子会在排种区域落下，以上均造成排种时出现 2 粒及以上的现象，导致重播率上升。同样，随着通孔直径的变化，对应的漏播率和重播率会有所变化，因此排种合格率也呈现出先上升后下降的变化趋势。

同理，从图 6-2b、图 6-2c 可以看出，随着型孔内侧面充种角的增加，排种器漏播率也呈现出先下降而后上升的趋势。这是因为增大型孔内侧面充种角可以提高种子沿取种盘径向的分力，同样有提升充种效果和抵抗种子在清种作业时向外运动的作用，从而降低漏种率。但是随着充种角增加到一定程度，型孔内侧面的倾斜程度逐渐变陡峭，充种区种群进入型孔的难度增加，因此会发生种子无法顺利进入型孔的现象，从而造成漏播率有所上升。

从图 6-2d、图 6-2f 可以看出随着型孔内侧面充种角的增加，排种器重播率呈现出先小幅下降而后明显上升的趋势。这是因为随着充种角逐渐变大，型孔内侧面的倾斜程度逐渐变陡峭，导致型孔充种空间变小，充种难度增加，型孔夹附住多粒种子的可能性降低，因此漏播率呈现出小幅度下降的趋势。而后随着充种角的继续增加，其作用和增加通孔直径产生的效果一致，漏播率呈现出逐步上升的趋势。排种合格率也随着充种角的变化呈现出先上升后下降的变化趋势。

因此为获得排种器最佳工作性能下的因素组合，利用 Design-Expert 软件的优化模块，以最小的漏播率和重播率、最大的排种合格率为优化目标，回归模型采用多目标优化法求解，优化目标函数和约束条件如下：

$$\begin{cases} \min Y_1(x_1, x_2, x_3) \\ \min Y_2(x_1, x_2, x_3) \\ \max Y_3(x_1, x_2, x_3) \\ \text{s. t.} \begin{cases} 1.2\text{mm} \leqslant x_1 \leqslant 1.6\text{mm} \\ 42° \leqslant x_2 \leqslant 52° \\ 500\text{r/min} \leqslant x_3 \leqslant 800\text{r/min} \end{cases} \end{cases} \tag{6-5}$$

建立优化方程并求解得：当型孔通孔直径为 1.4mm、型孔内侧面充种角为 47°、转速为 656r/min 时，排种器工作性能最优，此时漏播率为 3.28%、重播率为 3.37%、排种合格率为 93.35%。

## 6.4　台架验证试验

为验证优化结果的可靠性，进行不同速度下排种器台架试验。选取 1 000粒种子进行试验，将排种器型孔通孔直径设置为 1.4mm、型孔内侧面充种角设置为 47°，将取种盘转速分别设置为 500r/min、600r/min、656r/min、700r/min 和 800r/min，以漏播率、重播率和排种合格率为试验指标，在其他因素不改变的前提下进行多次试验。为消除偶然误差，每次试验进行 3 次取平均值，试验结果如表 6-4 所示。

**表 6-4 验证试验结果**

| 转速/（r/min） | 漏播率/% | 重播率/% | 排种合格率/% |
|---|---|---|---|
| 500 | 3.68 | 5.64 | 90.68 |
| 600 | 3.34 | 4.12 | 92.54 |
| 656 | 3.15 | 3.61 | 93.24 |
| 700 | 3.72 | 3.35 | 92.93 |
| 800 | 4.63 | 3.22 | 92.15 |

结果表明，当型孔通孔直径为 1.4mm、型孔内侧面充种角为 47°、取种盘转速为 656r/min 时，所设计排种器的漏播率平均值为 3.15%、重播率平均值为 3.61%、排种合格率平均值为 93.24%，试验结果与优化结果基本一致。在取种盘转速范围为 500～800r/min 时，所设计排种器的漏播率低于 4.7%、重播率低于 5.7%、排种合格率高于 90.7%，符合小麦精量播种要求。

## 6.5 本章小结

本章为进一步探究关键结构参数对排种器工作性能的影响，对各试验因素的不同组合开展台架试验。试验以通孔直径、型孔内侧面充种角、取种盘转速为因素，以排种器漏播率、重播率、排种合格率为试验指标，进行三因素五水平组合试验。根据方差分析结果得到各因素对指标影响的主次顺序，并绘制响应曲面图分析各因素之间的交互效应。通过 Design-Expert 软件的优化模块，采用多目标优化法求解排种器最佳性能参数组合：通孔直径为 1.4mm、型孔内侧面充种角为 47°、取种盘转速为 656r/min 时，排种器漏播率为 3.28%、重播率为 3.37%、排种合格率为 93.35%。

为验证优化结果的可靠性，进行不同速度下排种器台架试验。结果表明，验证试验结果与优化结果基本一致。在所设定的取种盘转速范围内，排种器的漏播率低于 4.7%、重播率低于 5.7%、排种合格率高于 90.7%，符合小麦精量播种要求。

# 第 7 章　小麦集排精量播种系统田间性能试验

受土壤平整度、自然条件等多方面因素的影响，田间试验环境较为复杂和多变，仿真试验和台架试验不能准确复现排种器在田间作业情况。因此，进行田间作业试验对排种器工作性能进行检测，分析所设计排种器对田间复杂环境下的适应性。

## 7.1　田间试验播种作业机具

通过进行田间试验对末端有序导种排种器工作性能进行考察，考虑田间作业过程中地面平整度以及机组自身振动等不利因素的影响，准确反映所设计排种器的真实工作性能。试验选用山东省农业机械科学研究院设计研制的 2BQJM-24 小麦气吹式整地播种联合作业机（图 7-1），该机具种箱下侧装有 2 个大排量机械式排种器，满足供种作业需求，同时配有 2 个多行穹顶分配器，每个分配器可为 12 行单体提供种流，相邻单体交错分布，一次作业可播种 24 行，具体参数见表 7-1。在实际作业过程中，所设计排种器作为末端再分配装置安装在播种机单体下侧。

**表 7-1　播种机具参数**

| 项目 | 参数 |
|---|---|
| 工作幅宽/m | 3 |
| 功率/kW | 180 |
| 播种行距/cm | 12. 5 |
| 行数 | 24 |

图 7-1　2BQJM-24 小麦气吹式整地播种联合作业机

## 7.2　田间试验条件与方法

试验在山东齐力新农业服务有限公司基地进行试验。试验地为已耕地，地表较为平整。测试工具包括：皮尺、卷尺、钢直尺、计时器、相机等。试验小麦品种选用济麦 22，设定播种粒距为 3cm。选取播种机相邻两行，一行末端放置所设计排种器，另一行作为对照组。在田间作业时，种箱内的种群先经机械式排种器排出，后在风机产生的正压气流下吹送至穹顶分配器中，再均匀分配至各单体输种管，输种管末端连接所设计排种器，最后种流经充种管道进入腔室内进行均匀、有序分配，实现精量播种。

参照台架试验结果，设定型孔通孔直径为 1.4mm、型孔内侧面充种角为 47°，取种盘转速分别取 500r/min、600r/min、700r/min、800r/min。每组试验重复 3 次，待机具速度稳定后，统计垄长 10m 内种子播种情况，以漏播率、重播率和排种合格率为评价指标分析所设计排种器性能。田间试验播种效果如图 7-2 所示。

图 7-2　田间试验及播种效果对比图

# 7.3　田间试验结果

在末端有序导种排种器播种作业完成后，依次在选择的被测区域内观测种子播种情况并记录试验数据，试验结果如表 7-2 所示。

表 7-2　田间试验结果

| 转速/（r/min） | 漏播率/% | 重播率/% | 排种合格率/% |
|---|---|---|---|
| 500 | 3.99 | 6.19 | 89.82 |
| 600 | 3.86 | 5.49 | 90.65 |
| 700 | 4.57 | 4.62 | 90.81 |
| 800 | 6.02 | 4.41 | 89.57 |

由表 7-2 可得，受田间作业环境地面平整度以及机组自身振动因素影响，排种器田间试验工作性能与台架试验相比略有降低。但各项指标的整体变化趋势一致，且优化后的组合参数性能指标均表现较好。总体而言，在 500~800r/min 速度水平下，排种器漏播率低于 6.1%、重播率低于 6.2%、排种合格率高于 89.5%，符合小麦精量播种要求。

## 7.4 本章小结

本章主要分析末端有序导种排种器在田间的作业情况，以期提高所设计排种器对田间复杂环境下的适应性。试验选用小麦品种济麦 22，设定播种粒距为 3cm，型孔通孔直径设为 1.4mm、型孔内侧面充种角设为 47°，将所设计排种器安装在 2BQJM-24 小麦气吹式整地播种联合作业机末端，取种盘转速分别取 500r/min、600r/min、700r/min、800r/min，以漏播率、重播率和排种合格率为评价指标。结果表明：因田间作业环境地面平整度以及机组自身振动因素影响，排种器田间试验工作性能与台架试验相比略有降低。但各项指标的整体变化趋势一致，且优化后的组合参数性能指标均表现较好，排种器漏播率低于 6.1%、重播率低于 6.2%、排种合格率高于 89.5%，符合小麦精量播种要求。

# 第 8 章　结论与建议

## 8.1　结论

对目前国内外单体式和集排式排种器的研究现状以及 DEM-CFD 耦合分析在排种器上的应用现状进行分析。针对气力集排系统普遍存在横向分配精度低、种子破损多、堵塞风险高，以及末端排种脉动性高、均匀性差等问题，提出机械气力复合充种的方法，设计了基于小麦气力集排系统的末端有序导种排种器。阐述了气力集排系统及排种器的结构组成与工作原理，确定影响排种器性能的关键因素。运用气固两相流仿真 DEM-CFD 技术进行数值模拟，对小麦种子在排种器不同工作过程中的受力、运动情况进行描述，进一步优化关键因素参数范围。开展了台架试验进一步探究关键结构参数对排种器工作性能的影响，得到最佳参数组合并进行验证。进行田间试验考察真实作业情况，试验结果符合小麦精量播种要求。主要结论如下。

一是设计了气力集排试验装置，以输种管长度、气流速度、种子流量和倾斜角度为运行条件，以增压管、换向弯管和锥形盖板为结构参数，构建不同分配模型，进行气力集排播种机分配器的种子分配试验，分析在持续气流作用下，种子颗粒在分配器中的运动轨迹及各行排量一致性变异系数，研究各因素对气力集排分配器排种精度影响规律，探究各因素在气力集排分配过程中的作用和机理。台架试验结果表明：输种管长度变化会导致管内阻力变化，当各行输种管内阻力一致时，各行排量一致性变异系数最小，可获得最佳的排种精度；给定流量的最佳排种精度只能在精确确定的气流速度值下获得，适当增加气流速度可提高分配器排种精度；分配器倾斜角度为 0°时排种精度最高，随着倾斜角度增大，各行排种量一致性变异系数逐渐增大，排种精度降低；随弯管半径增大，各行排量一致性变异系数随之减小，但综合考虑压损和变异系数，取 R/D=6 时，经济性最高；锥形盖板对分配器中种子颗粒运移行为的影响与弯管和增压管密切相关，单独改变锥形盖板结构对气力集排分配器排种精度影响不大，甚至会增加各行排量一致性变异系数。

二是对末端有序导种排种器的整体结构进行了设计，阐述了排种器的结构组成与工作原理，将排种器整个工作过程划分为充种阶段、携种阶段、清种阶段、排种阶段四个部分进行分析。根据种子不同的运动姿态，将充种过程分为引导充种和稳定夹持两个阶段，阐明排种器充种原理及种子运动过程，同时对比所设计排种器和传统型孔类排种器取种过程时种子的夹持姿态，分析所设计型孔结构的合理性；另外，对排种器关键部件结构参数进行设计。整体结构综合考虑后选取取种盘直径为 160mm，其上均匀分布 6 个型孔。根据小麦种子尺寸对型孔尺寸进行设计，所用小麦品种为济麦 22，对其外形尺寸进行测量和统计分析后，测得所选种子的平均长度为 6. 54mm，平均宽度为 3. 23mm，平均高度为 3. 11mm，平均等效直径为 3. 98mm。因此，根据种子实际测量数据得出型孔长度为 5. 5mm，型孔宽度为 3. 5mm，型孔高度为 3. 2mm，挡板长度为 6. 5mm，挡板高度为 3. 5mm，导种槽深度为 0. 2mm。通过对排种器充种过程、携种过程和排种过程进行分析，得到工作性能较优下的结构参数。对排种器充种过程种子受力情况进行分析，得到能提供足够压附力的同时防止种子边缘陷入其中的通孔直径范围为 0. 8~2. 0mm；结合排种器充种时种子运动过程分析和携种过程分析，得到能够较好完成充种作业和携种作业的型孔充种角范围为 30°~60°；结合排种器充种过程型孔内充种空间分析和携种过程分析，得到能够在单粒充种下较好地完成排种作业的型孔落种角范围为 50°~60°。

三是运用气固两相流仿真 DEM-CFD 技术进行数值模拟，对小麦种子在排种器不同工作过程中的受力、运动情况进行描述。以抗清除力、型孔空隙率和种子初始下落位置为性能评价指标，对关键因素通孔直径、型孔内侧面充种角、型孔落种角进行分析，优化其参数范围。仿真结果表明：通孔直径对种子型孔空隙率、抗清除力和初始下落位置指标均会产生影响，随着通孔直径逐渐变大，型孔空隙率改变量逐渐减小，抗清除力的数值逐渐增大，但种子初始下落位置逐渐进入不合格区域，因此将通孔直径范围进一步优化为1.2~1.6mm；型孔内侧面充种角对种子型孔空隙率、抗清除力指标均会产生影响，随着充种角逐渐增加，型孔空隙率改变量出现先逐渐减小后增大的趋势，而抗清除力的数值逐渐增大，因此将型孔内侧面充种角进一步优化为42°~52°；型孔落种角对种子初始下落位置会产生影响，种子的初始下落位置呈现出先靠近基线而后远离基线的趋势，通过对初始下落位置指标回归模型进行分析最终确定落种角为53°。

四是进行台架试验进一步探究关键结构参数对排种器工作性能的影响。试验以通孔直径、型孔内侧面充种角、取种盘转速为因素，以排种器漏播率、重播率、排种合格率为试验指标，进行三因素五水平组合试验。根据方差分析结果得到各因素对指标影响的主次顺序，并绘制响应曲面图分析各因素之间的交互效应。通过 Design-Expert 软件的优化模块，采用多目标优化法求解排种器最佳性能参数组合：通孔直径为1.4mm、型孔内侧面充种角为47°、转速为656r/min，此时，排种器漏播率为3.28%、重播率为3.37%、排种合格率为93.35%。为验证优化结果的可靠性，进行不同速度下排种器台架试验。结果表明，验证试验结果与优化结果基本一致。在所设定的取种盘转速范围内，排种器的漏播率低于4.7%，重播率低于5.7%、排种合格率高于90.7%，符合小麦精量播种要求。

五是进行田间试验考察末端有序导种排种器真实作业情况，分析所设计排种器对田间复杂环境下的适应性。试验选用小麦品种济麦22，设定播种粒距为3cm，型孔通孔直径设为1.4mm、型孔内侧面充种角设为47°，取种盘转速分别取500r/min、600r/min、700r/min、800r/min，以漏播率、重播率和排种合格率为评价指标。结果表明：因田间作业环境地面平整度以及机组自身振动因素影响，排种器田间试验工作性能与台架试验相比略有降低。但各项指标的整体变化趋势一致，且优化后的组合参数性能指标均表现较好，排种器漏播率低于6.1%、重播率低于6.2%、排种合格率高于89.5%，符合小麦精量播种要求。

## 8.2 创新点

第一，基于机械气力复合充种和离心充种的方法，设计了一种末端有序导种排种器，解决小麦播种以无序种流、不定量排出的方式导致脉动性高、均匀性差的问题，实现精量播种。

第二，采用气流输送种群的方式，种子处于流动状态，降低种群堆积时间，同时设有型孔和导种槽机构可进行双重扰种作用，打破种群堆积状态，提升充种作业效果。

## 8.3 展望

对气力集排精量播种系统及关键部件开展研究，阐述其整体结构和工作原理，建立运动学模型对气力集排精量播种系统关键参数进行设计，并运用计算机仿真和试验验证相结合的方法，优化结构尺寸和工作参数，提高了小麦播种质量，为有序、均匀排列种流装置设计提供参考，对小麦生产有重要的指导意义。通过理论分析、仿真模拟、台架试验等方法得到了一些结论，但由于编写时间仓促，作者水平有限，仍存在以下不足，希望在今后的研究中对以下内容进一步完善。

一是气力集排分配器排种精度影响因素主要来自运行条件和结构参数，为更好地解决机械化播种质量问题，提高各行排量一致性变异系数，应对气力集排分配器进行多因素优化分析，探索多因素对排种性能的交互影响机理。

二是受所设计排种器整体结构尺寸及小麦播种株距的限制，取种盘的转速较高，因此需要伺服电机满足精确、高速的需求。该排种器设计的应用前景是挂接在集排式播种机末端，而集排式播种机一般为多行作业，需要多个电机分别对排种器进行驱动，成本较高，因此在今后应对适用的分配器结构进行研究，降低使用成本。

三是在对末端有序导种排种器进行台架试验和田间试验中，仅选用了一种小麦品种，在今后的试验中需选用更多品种的小麦种子进行试验和对比，进一步探究末端有序导种排种器对不同品种的适应性。

# 参考文献


曹成茂，王安民，秦宽，等，2014. 一器多行环槽推送式排种器设计与试验［J］. 农业机械学报，45（4）：128-134.

程修沛，卢彩云，孟志军，等，2018. 气吸型孔组合式小麦精密排种器设计与参数优化［J］. 农业工程学报，34（24）：1-9.

丁祖荣，2003. 流体力学［M］. 北京：高等教育出版社.

高丽萍，施彬彬，廖庆喜，等，2022. 正负气压组合油菜精量排种器锥孔盘排种性能［J］. 农业工程学报，38（6）：22-33.

郭爱兵，路志国，郭鹏飞，等，2015. 我国小麦精播技术研究现状及发展趋势［J］. 现代农业科技（6）：75-76.

郝尚毅，赵广才，常旭虹，等，2019. 立体匀播技术对我国不同小麦产区产量的影响［C］//中国作物学会. 中国作物学会学术年会论文摘要集：112.

何丽楠，赵明明，赵天才，等，2019. 稻麦兼用螺旋槽式排种器的设计与试验［J］. 湖南农业大学学报（自然科学版），45（6）：657-663.

何瑞银，王建林，徐高明，等，2022. 限制充种姿态-正负压式小麦精密排种器设计与试验［J］. 农业机械学报，53（9）：39-49，167.

雷小龙，2017. 油麦兼用型气送式集排器设计及其工作机理［D］. 武汉：华中农业大学.

雷小龙，廖宜涛，李兆东，等，2016. 油菜小麦兼用气送式集排器搅种装置设计及充种性能试验［J］. 农业工程学报，32（18）：26-34.

雷小龙，廖宜涛，张闻宇，等，2017. 油麦兼用气送式集排器输种管道气固两相流仿真与试验［J］. 农业机械学报，48（3）：57-68.

李娟娟，张和平，毕新胜，等，2020. 转轴型孔式精量排种器充种性能仿真分析与试验［J］. 农业工程学报，36（5）：38–49.

李晓冉，廖庆喜，廖宜涛，等，2024. 稻麦油兼用高速气送集排器螺旋斜置式搅种装置研制［J］. 农业工程学报，40（4）：51–61.

李晓冉，廖庆喜，王磊，等，2023. 稻麦油兼用高速气送式集排器型孔轮设计与试验［J］. 农业工程学报，39（14）：35–48.

李衍军，2021. 小麦气流输送式排种系统关键部件研制与分析［D］. 北京：中国农业机械化科学研究院.

李兆东，杨文超，张甜，等，2019. 油菜高速精量排种器槽齿组合式吸种盘设计与吸附性能试验［J］. 农业工程学报，35（9）：12–22.

梁玉玥，2022. 稻麦旱作兼用气吹式精量排种器设计与试验［D］. 武汉：华中农业大学.

廖庆喜，张猛，余佳佳，等，2011. 气力集排式油菜精量排种器［J］. 农业机械学报，42（8）：30–34.

刘立晶，刘忠军，杨学军，等，2011. 气流输送式小麦免耕播种机设计和试验［J］. 农业机械学报，42（2）：54–57.

祁兵，2014. 中央集排气送式精量排种器设计与试验研究［D］. 北京：中国农业大学.

祁兵，张东兴，刘全威，等，2015. 集排式精量排种器清种装置设计与性能试验［J］. 农业工程学报，31（1）：20–27.

宋学锋，戴飞，张锋伟，等，2018. 90°弯管内玉米颗粒气固耦合运动特性分析［J］. 中国农机化学报，39（11）：67–71.

王宝山，王磊，廖宜涛，等，2022. 小粒径种子精量穴播集排器型孔轮设计与试验［J］. 农业机械学报，53（11）：64–75，119.

王芳，吕冰，王洪明，等，2017. 气吸式谷子排种装置吸种孔的结构设计与试验［J］. 农业工程学报，33（8）：30–36.

王福军，2004. 计算流体动力学分析：CFD 软件原理与应用［M］. 北京：清华大学出版社.

王磊，廖宜涛，万星宇，等，2022. 油麦兼用型气送式集排器混种部件设计与试验［J］. 农业机械学报，53（2）：68-79，97.
王英博，李洪文，何进，等，2020. 机械式小麦射播排种器参数优化与试验［J］. 农业工程学报，36（21）：1-10.
魏占忠，2009. 流体工程仿真计算实例与分析［M］. 北京：北京理工大学出版社.
杨慧，刘立晶，周军平，等，2013. 气送式条播机现状及我国应用情况分析［J］. 农机化研究，35（12）：216-220.
姚露，廖庆喜，王磊，等，2022. 油菜旋转盘式高速集排器螺旋供种装置设计与试验［J］. 农业机械学报，53（6）：78-88.
张敏，吴崇友，2008. 气力输送式播种机概况及我国的应用前景分析［J］. 中国农机化（2）：70-72.
张晓辉，王永振，仉利，等，2018. 小麦气力集排器排种分配系统设计与试验［J］. 农业机械学报，49（3）：59-67.
张学军，陈勇，史增录，等，2021. 双仓转盘式棉花竖直圆盘穴播排种器设计与试验［J］. 农业工程学报，37（19）：27-36.
赵广才，郝德有，常旭虹，等，2015. 小麦立体匀播技术［J］. 农业科技通讯（7）：184-186.
赵晓顺，于华丽，马跃进，等，2017. 负压式小麦精量排种器参数优化与试验［J］. 农业工程学报，33（11）：11-18.